U0165400

一個人的茶會時光

一日七杯茶的英式生活哲學，
紅茶專家為你打造五感療癒的名店級美味

日本紅茶協會認定Tea Adviser、國際品牌指定茶會講師 楊玉琴 Kelly

推薦序

享受一個人的紅茶時光

我與楊玉琴女士相識已有十八年了，當年滿腔熱情遠赴日本學習茶藝的楊女士，如今已是台灣茶界處於領軍位置的人物。身為她的老師，我為她感到非常自豪。

由於受到新冠肺炎（COVID-19）的影響，不論是在英國、日本和台灣，人們邀請他人到家中舉辦茶會的機會都減少了。

在這種情況下，我認為本書的主題——「享受一個人的紅茶時光」，顯得尤其重要。紅茶的香氣和味道，以及其所營造的西方氣息，大概是每個人自小憧憬的世界。如今，長大成人的我們，可以享用真正的茶具和美味的茶點，無拘無束地度過童年時期最嚮往的獨處時刻，相信這必將成為最療癒身心的時光。

無論是開心或是悲傷的時候，茶都是一種撫慰心靈的飲品，本書也毫無保留地與我們分享，如何能充實地度過這些獨處的片刻。希望各位能在享受這本書的同時，也享受著屬於自己的午茶時光。

——Cha Tea 紅茶教室 立川碧

• 原文刊載

楊玉琴さんと、はじめて会ってから18年が経ちます。遙々日本まで、熱い情熱を持って紅茶を学びに来た楊さんは今や、台湾紅茶界の第一人者となっています。師としてとても誇らしいです。

COVID-19を機に、英国、日本、台湾、どの国も自宅に人を招いて大人でティーパーティーをする機会が少なくなっています。

そんな中、本書のテーマになっている「1人の紅茶時間を楽しむ」ことは、とても大切なことだと思います。紅茶の香り、味はもちろん、紅茶の持つ西洋的な雰囲気は、小さな頃誰しもが憧れた世界ではないでしょうか。子供の頃に楽しんだ1人遊びを、大人になった今、本物のお道具、美味しいお菓子をお伴に、心置きなく楽しむことは、とびきりの癒やしになるはず。

そんな1人時間を充実させるためのポイントを本書は惜しみなく教えてくれます。嬉しい時はもちろん、悲しい時にも、紅茶は心に寄り添ってくれる飲み物です。ぜひ本書を楽しみながら、自分らしいティータイムを楽しんでください。

——Cha Tea 紅茶教室 立川碧

CHA TEA 紅茶教室

日本知名的英式紅茶文化推廣單位，在日本已有超過兩千六百名畢業生，教學內容涵蓋紅茶飲品知識、銀器、歷史文化、古典文物等。受邀至 NHK 文化教室、早稻田大學及日本各大企業指導研習課程，並著有多本與英式紅茶文化相關著作。

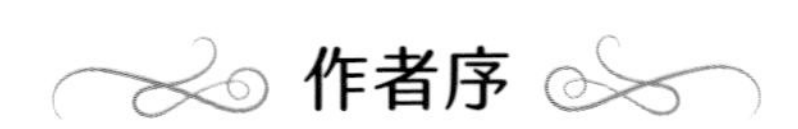

作者序

與茶相伴
度過美好的獨處時光

下午茶茶會，從以前的印象，就是三五好友，熱熱鬧鬧約著一起享受的時光。但不知從何時開始，約齊好朋友變得好難，甚至連坐下來喝杯茶，輕鬆面對面聊幾句話的時間都變得非常困難。漸漸地，那些專為與朋友歡聚時準備的茶具，還有穿上美麗衣服的動力，似乎也消失在生活中。

當情緒只屬於一個人，沒有對象可以傾訴的時候，如何也能把日子過好，成為現代人必備的重要技能。

一直很愛美，很喜歡各種儀式感的我，就算一個人喝茶、用餐，也要漂漂亮亮。我始終認為生活要過得精彩，不僅僅是在人前展現，一個人時也要活出個人的格調。這或許受到我非常喜愛的童話故事《小公主》的影響。小公主在最艱難的時候，住進窄破的閣樓裡，依然鋪上桌布，擺上路邊摘的小花朵，儀態如她富裕時一樣挺拔。身上簡樸的服飾，沒有掩蓋她淑女的氣質，小公主和自己的娃娃，透過格子窗，吹著涼風、喝著茶、寫著日記，讓她的獨處時光依然美好。

我希望成為這樣的人，所以我一直這樣生活。

我想社會是改變了，人與人之間的聯繫似乎也淡薄了，但內心追求熱情生活的態度從未改變。本書的內容是在全球經歷疫情危機後，深切感受到許多人的孤獨所發想的。大部分的提案都適用於一個人獨處的場景。

這本書想要特別感謝漫遊者出版社再次給我機會，還有我的親人、公司的夥伴們的支持，以及抖音直播間好朋友的關愛。背後有這麼多無形的溫暖，這「一個人的茶會」才可以那麼美好。最後要謝謝凱莉，感謝妳一直超越困境，堅持做自己！Love yourself！

今年正好也是我從事教學的第二十個年頭。如果這段歲月如同養育一個孩子，那麼他也已經是個大學生了，正處於即將進入社會的最後階段。我與下午茶的緣分就像這樣，在這極具紀念意義的學茶二十週年之際，這本書，就像是給即將進入社會的朋友，或者，早已進入社會，一直愛護家人，卻從來沒有好好照顧自己的朋友們，讓我們一起學習並享受「一個人的茶會時光」。

——楊玉琴 Kelly

Chapter 1

床邊茶 18

Chapter 2

早餐茶 34

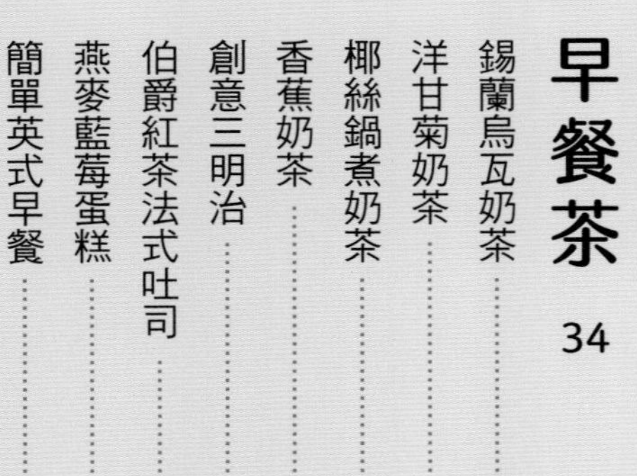
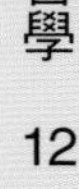

Contents

Chapter 3

十一時茶 52

Chapter 4

午餐茶 74

Chapter 5

下午茶 94

Chapter 6

高茶・晚餐茶 114

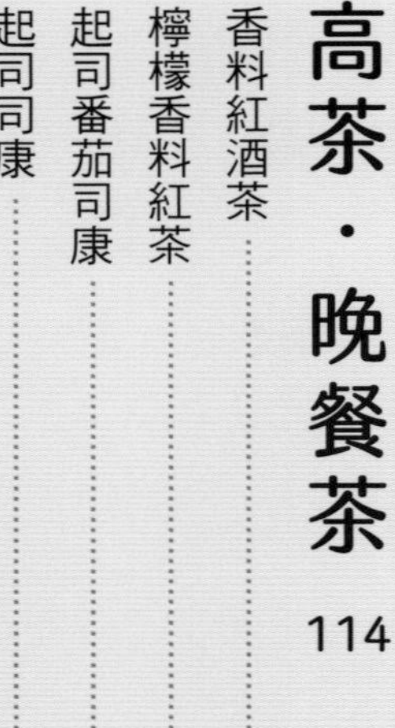

Contents

Chapter 7

前言

用一杯茶安頓身心的英式生活哲學

本書是我的第四本著作，前三本都是以分享英式紅茶的知識文化為主。而本書選擇以食譜為主，並穿插輕鬆實用的茶文化、茶知識專欄，主要是希望不論我們在生活中面對多大的壓力或繁忙的工作，只要能在一天之中抽出幾分鐘，為自己泡上一壺茶，搭配自己親手製作的茶點或茶食，就能夠在這片刻中，從煩躁的情緒中抽離，重新找回內心的平靜。

希望大家也能在這本小書中，挑選適合自己的茶飲與茶點，在需要的時刻，為自己辦一場療癒身心的小茶會。

英國七個喝茶時段的由來

英國人從早到晚都喝茶，至少有七個喝茶時段，這是英國人特有的生活節奏與儀式感。從第一杯為喚醒一天而在床上享用的床邊茶，一直到最後一杯，在一天結束前，與家人聚在一起分享生活對話的晚餐後茶，每一個時段都有其特殊的歷史與文化背景。

床邊茶 Early Morning Tea

英國人的一天，通常從一杯床邊茶開始。這個習慣源自十九世紀，尤其是維多利亞時代的貴族階層。床邊茶通常在床上享用，作為一天的第一杯飲料，以暖胃強健身體。

早餐茶 Breakfast Tea

早餐茶是在正式早餐時間享用的，通常與豐盛的英式早餐搭配。

十九世紀，隨著英國工業革命的推進，工人階層的早餐變得相當重要，以確保他們有足夠的體力面對一整天的勞動。茶與麵包、蛋、香腸等一同食用，形成了今日所知的「英式早餐」。這一時期也催生了「英式早餐茶」的概念，這種茶較為濃烈，適合搭配重口味的食物，也具提神之效。

十一時茶 Elevenses

「Elevenses」這個詞來自於「十一點的茶」，通常在上午十一點左右之間享用，作為早餐與午餐之間的一個小憩時段。尤其工業革命後，這一習慣成為了上班族重要短暫的放鬆時刻，簡便的茶搭配小餅乾，也是補充體力的重要時間。

午餐茶 Lunch Tea

在享用豐盛的英式早餐茶之後，午餐就顯得相當簡單。餐後享用一杯清淡的茶，搭配簡便三明治當作午餐，以消除倦意，以便能專心繼續下午的工作。

下午茶 Afternoon Tea

下午茶是英國最著名的飲茶時段。當時，上層社會的晚餐時間往往推遲至晚上七、八點左右，導致午餐和晚餐之間的空檔較長。貝福德公爵夫人於是開始在下午四點左右，享用

一小份牛油麵包與茶，這一習慣迅速傳遍英國貴族。漸漸茶點豐盛，也成為聚會的一種型態。

高茶 High Tea

高茶指的是一種更具實質性的餐食。這一傳統源於工業革命時期的工人階級，在下班回家後需要一頓豐盛的晚餐，也憧憬富貴人家享受東方茶的豐盛與美好。於是，他們在晚上五、六點左右，享用一頓簡單的茶餐，通常包括麵包、奶酪、肉類或蛋等，搭配茶飲。這種餐食通常在高桌上進行，因此稱為「高茶」。

晚餐後茶 After Dinner Tea

晚間茶是在一天結束前的放鬆時段進行的。尤其在寒冷的季節，茶能夠暖身，並帶來一種舒緩的效果，為不影響睡眠，多數選擇花茶或茶酒，搭配少許甜美的水果軟糖或巧克力，在晚間與家人或朋友聚在一起，享受茶與輕鬆的對話，以洗去一天的疲憊。

英國的飲茶時段，從貴族階層的精緻享受，到工人階級的簡便餐食，十分普及。各個喝茶時段不僅滿足了人們對於食物和飲料的需求，我認為，這種習慣也值得勤奮工作的華人借鑒，作為一種照顧自己的方式。學習如何將喝「茶時刻」安排融入自己的日常生活，經常提醒自己放下工作，喘口氣，滋養修補一下自己脾胃與心情。這項從英國貴族傳下的日常儀軌，也適合現代的你。

畫龍點睛的「茶食」

已經寫了三本關於紅茶書籍，總覺得缺少了「茶食」就不夠完整，尤其這幾年開始經營下午茶館，對於搭配茶的餐點有更深刻的理解與熱愛。「吃、喝」是人類最基本的需求，這不僅是簡單的飽腹解渴，是生理上的滿足，我也堅信，茶與點心具有天然的療癒功能。

從生理的角度來看，喝茶可以幫助我們放鬆、減壓；而品嚐點心，尤其是親手製作的茶點的過程，還能讓我們享受成就感的愉悅；若與人分享，對方滿足的笑臉也能帶來更多的快樂，進一步增強我們對他人付出的滿足感。這三者相輔相成，既能滿足身體的需求，又能撫慰心靈，達到調劑情緒的作用。

美味加乘的茶與餐搭配原則

在前著《英式下午茶的慢時光》中的「紅茶搭配大師」單元，我曾介紹紅茶與各種食材搭配的原則，讓茶飲與食材間達到風味平衡與提升的小訣竅。其中的搭配原則，是讓每道點心或茶飲都更加出彩的關鍵，雖然有個人喜好的不同，但無所適從的時候，如果能進一步完全掌握下述三大原則，那麼您的「茶時光」將會有如「個人茶館」般，美味將毫不遜色於坊間的打卡名店。

- 請考慮茶的濃度與食材的口感，像濃郁的紅茶可以與較豐富、厚實的食物搭配，而輕盈的紅茶則適合與較清淡的點心共食。
- 你也能選擇讓茶與食材的口感「相互呼應」或「形成對比」。舉例來說，紅茶的澀味和甜點的甜味形成對比，使味蕾能感受到不同的層次；而帶有澀感的錫蘭紅茶與甜度較高的奶油蛋糕搭配，既不會讓蛋糕顯得過於甜膩，亦能讓茶的韻味更顯豐富。
- 若能根據紅茶種類進行搭配，不同類型的紅茶亦有其適合搭配的不同食材。像是帶有濃郁麥香的阿薩姆紅茶，適合搭配鹹味濃厚的食物，

如奶酪、燻肉等；而茶香輕柔細膩的大吉嶺紅茶，則適合搭配水果塔或酸味較重的點心，這樣才不會壓過茶香的優雅。若選到澀味較強的錫蘭紅茶（例如烏瓦），適合搭配如巧克力蛋糕或奶油餅乾的甜點，以平衡茶中的苦澀感。至於英式奶茶，就選擇濃厚且口感豐富的點心，如英式鬆餅（Scones）或奶油三明治。這類茶點的奶油和牛奶可以增添茶飲的滑順感，同時提升整體的口感和享受。

當然，最重要的還是個人的喜好，在搭配時多多嘗試，找到最適合自己的口味與搭配，讓每一次的茶時光，都成為一種美好的享受，成為你放鬆身心的「個人小茶館」喔！

展現美好品味的簡單茶點

「英式點心來自於家庭」，這句話是我對於英式餐食的註解。然而，這樣簡單的食材和製作過程並不意味著風味上的妥協。

所以，如果你閱讀本書菜單時，覺得茶點都是常見的點心或餐食，不覺得有特別之處，請別急著闔上。請相信我——「簡單才是王道」！

家常餐食通常不需要複雜的技術和昂貴的材料，就能非常美味，若我們能在「造型」、「裝飾點綴」和「調味」三方面多下點功夫，就能讓茶點變得「十分吸睛」且「美味」。

而在研究紅茶的這條道路上，我深深明白包括水質、溫度、調味等種種細節，任何一項都會影響食物是否美味，所以近年也持續進修學習，並考取台灣的茶葉品評資格，希望自己能更上層樓。除了視覺上的造型追求，我在品鑑及設計茶譜或茶點時，也善用對於水質與味覺的敏銳度，在配方上不斷進行細微的調整，讓食物的風味得以變得更加細緻、豐富有層次。

名店級美味的祕訣分享

因此，要請大家在製作時，特特留意每道食譜的美味關建TIPS。我希望在強調「風味有層次」的理念下，透過調整配方中的調味比例，或配搭茶品來突顯層次，讓簡單的單品也能充滿味覺的驚喜。例如在甜茶中加入一點點鹽，或使用酸甜交織的食材來平衡甜味，既可讓成品不單調，而且也能使味蕾的整體感受更豐富。

本書還特別示範選用適合的餐盤茶具來盛裝點心，目的也為了讓您明白，還可以用茶具來強化視覺效果，提升整體的品嚐享受。

零基礎也能上手的美味

此外，因為我也是由零烘焙基礎慢慢自學而成，所以本書想與你分享的，都是無需專業的烘焙背景或昂貴道具，但只要花一點造型或食材搭配上的小巧思，就能讓樸實的茶點展現美好的品味，並且讓你愛上自己動手做餐點的樂趣。

因此，書中的茶點製作簡單易行，目的是讓大家無需高深的廚藝，即使是新手小白，不僅不會失敗，還能做出媲美名店的美味。而我也把步驟說明得非常詳細，以降低因為描述不清而做錯的機率。

而由於烘焙類點心比較不適合少量製作，所以也建議大家按書中配方份量做好後，品嚐不完的部分冷藏或冷凍保存，隨時退冰取用，讓你即使在忙碌的工作日，一樣能快速變出與茶搭配的餐食或甜點，十分方便。

Chapter 1

床邊茶

大吉嶺春摘茶

莊園大吉嶺春摘茶（First Flush）產期在每年三月中至四月底之間。沉睡了一個冬天，茶芽葉柔嫩新鮮，似嬌羞少女，口感淡雅，花草香氣四溢、爽朗奔放。飲用上無礙於空腹，不會過度刺激，是早晨最美好的第一抹芬芳。

材料（2杯）

大吉嶺春摘紅茶2至3公克
水200毫升（溫壺水另計）
沖茶壺2個（茶壺A、B）

作法（基本降溫法）

1 用熱水溫熱茶壺A。在壺內倒入三分之一的熱水，充分搖勻後把水倒出。
2 在茶壺A中加入茶葉，蓋上壺蓋，接著好好搖勻嗅聞香氣。
3 將剛煮開的熱水倒入茶壺B中，等待30秒使熱水稍微降溫。
4 將茶壺B已降溫的水沖入茶壺A中，約3分鐘後，濾出茶湯倒入杯中即可。

沖茶
訣竅

春摘茶葉鮮嫩，水溫不適合太高，所以在作法 3 會進行降溫的程序。此外，春摘茶芽葉完整，香氣持久不散，可以再回沖 1 次。

漢方七寶茶

漢方七寶茶是一款融合了多種中草藥和茶葉的養生飲品，這款茶不僅帶有濃郁的香氣，還具有滋養的保健效果，一早醒來沖一杯五彩繽紛的七寶茶，緩緩的潤喉入脾胃是開啟一天的美好選擇。

材料（2杯）

紅茶或鐵觀音茶葉2至4公克
枸杞10顆
紅棗4至5顆
桂圓3至5顆
蔘片2片
甘草2片
玫瑰花2片
水500毫升

作法

1. 所有材料放入杯中備用。
2. 將沸騰熱水沖入杯中，至蓋過材料，接著用湯匙輕輕攪洗，快速將水濾出。
3. 再度沖入熱水，等待5分鐘，使茶葉和漢方的香氣融合。
4. 時間到後，攪拌均勻後即可享用。

美味關鍵

可依據個人喜好添加少量冰糖以增加甜味。使用蓋碗杯可不斷添加熱水，飲用至無味為止，或將食材放入保溫杯中沖泡，可更快速地萃取出茶湯滋味。

注意事項

建議每日飲用量不宜過多，每天1至3杯為宜。如果有特殊健康狀況，請在飲用前諮詢醫師。

茶葉蛋

材料（10顆）

雞蛋10顆、水1.5公升、紅茶包2至3袋、醬油100毫升、八角2顆、桂皮1段、丁香2顆、鹽約6公克、細砂糖約6公克

作法

1 將蛋放入冷水中，開火煮沸後煮10分鐘。接著將蛋取出，放入冷水中冷卻，剝去蛋殼並用小勺輕輕敲裂蛋殼，使其表面有裂紋。

2 在大鍋中加入水、紅茶包、醬油、八角、桂皮、丁香、鹽和糖，煮沸後轉小火續煮15分鐘，使香料味道完全釋放。

3 將剝好殼且表面有裂紋的蛋放入鍋中，使其完全浸泡在茶葉湯底中。轉小火續煮1小時，使蛋充分吸收香料風味。

4 關火後，將蛋連同湯底置於室溫浸泡至少4小時或隔夜，使其更加入味。浸泡時間越長，味道越濃郁。

5 將茶葉蛋取出，稍微冷卻後即可食用。

美味關鍵

浸泡時間越長，味道越濃郁，所以一開始的調味真的要很小心，千萬別過量了。

麥片紅棗糊

材料（1杯）

即食燕麥片100公克、奶粉20公克、紅棗5至10個（熱水泡軟）、細砂糖20公克（可依個人喜好調整）、水300毫升

作法

1. 將紅棗洗淨，去核後切成小片。
2. 將切好的紅棗放入鍋中，加入300毫升的水，以小火煮至紅棗變軟，約需10至15分鐘。
3. 將全部麥片加入2的鍋中，攪拌至麥片變軟、水分幾乎被吸收。此時可依口味喜好加入糖，繼續攪拌至糖融化。
4. 將奶粉加入3中拌勻即可。

美味關鍵

1. 紅棗可放入保溫杯中以熱水燜泡至軟，也無須花費時間鍋煮。
2. 可取漢方七寶茶中吸飽水分的紅棗來使用。

紅茶南瓜湯

這款紅茶南瓜湯將南瓜的甜美與紅茶的香氣結合，為經典的南瓜湯增添了獨特風味。經過細緻的調味和打磨後，湯品順滑濃郁，並可用奶油或酸奶裝飾，感覺滋潤溫暖。

材料（4碗）

南瓜500公克（去皮切塊）
無鹽奶油30公克
洋蔥1個（切丁）
蒜瓣2瓣（切末）
雞高湯500毫升（或蔬菜高湯）
紅茶包1袋（約2至3公克）
細砂糖1小匙（可省略）
鹽1/2小匙（或依喜好調整）
黑胡椒粉1/4小匙（或依喜好調整）
奶油100毫升（可省略）
鮮奶油或酸奶油少許（裝飾用，可省略）

作法

1 將南瓜塊放入鍋中並加入足量的水，煮15至20分鐘至南瓜變軟。煮好後，瀝乾水分並用叉子或馬鈴薯壓泥器壓成泥。

2 在大鍋中加熱無鹽奶油，加入洋蔥丁炒至透明微黃，再加入蒜末續炒1至2分鐘，直到蒜香四溢。

3 將南瓜泥加入**2**的鍋中，攪拌均勻。

4 將雞高湯（或蔬菜高湯）倒入鍋中拌勻後，接著放入紅茶包，煮沸後轉小火續煮約5分鐘。取出紅茶包，續煮15至20分鐘，直到味道融合。

5 依喜好加入砂糖、鹽和黑胡椒粉，續煮片刻。使用手持攪拌機或倒到攪拌機或食物調理機中，將南瓜湯打至細緻滑順。

6 如果喜歡更加濃郁的口感，可在湯中加入奶油，攪拌均勻後煮上幾分鐘。

7 將湯倒入碗中，撒上少許新鮮香草或黑胡椒粉增添風味。

美味關鍵

1 若湯太濃稠，可加入少量熱水或高湯稀釋。

2 可依據喜好調整甜度和鹹度，也可加入辣椒粉或其他香料增加風味。

3 不喜歡柔滑南瓜湯的朋友，可將南瓜煮熟剁成小塊，直接加入作法**4**中的紅茶湯中稍微燉煮一下，也能成為美味的湯品。

溫度與水質的美味關係

只要用心尋找，一定有契合自己的地方。

世界茶的第一本書籍《茶經》，關於沖茶的原則，開篇即寫到「湧泉為上，川為中，井為下」。由此就能知道，水對於茶的美味是至關重要的關鍵元素。當然，「水質乾淨」是首要原則。我們幸運身處於台灣，大多數地區的家用自來水過濾即可使用。出國旅行時我們會發現，在許多地方買飲用水是很普遍的，選對水來搭配茶品，也是能沖出好茶的關鍵之一。

其中對於茶種要特別注意的是「水溫」，掌握溫度，是對於萃取出不同茶品最佳滋味的重要方式。

以下就介紹三種大家最常飲用的茶種，並說明各自適用的水溫，只要掌握這個簡單的原則，就能以不變應萬變，隨時都能沖泡出美味的好茶。

不同茶種，能萃取出最佳滋味的水溫也不同。

紅茶、綠茶、烏龍茶適用水溫

紅茶、烏龍茶：水煮開後，立即關火即可使用，沖茶溫度約為94至98度。

紅茶與烏龍茶之所以適合高溫沖泡，是因為這兩種茶在製作過程中經歷了較長時間的氧化，而氧化的過程會轉化許多天然酵素，特別是茶多酚和茶黃素。這些物質的味道通常較為濃厚，需要高溫的水，才能完全釋放茶葉的香氣與味道。因此，沖泡紅茶與烏龍茶時，通常使用約90至100度的高溫水，以萃取出豐富的層次。

此外，烏龍茶的茶葉條索較緊緻也多為球形狀，不容易泡開，因此高溫能夠促進茶葉更快速伸展，讓這些化合物更快地溶解，釋放烏龍茶的香甜韻味。且高溫水能讓紅茶的甘甜和濃郁香氣充分展現，而烏龍茶則可以在高溫下釋放其獨特的花果香。

綠茶：水煮開後，應放置降溫到約75至80度再使用。

紅茶

烏龍茶

綠茶

綠茶之所以適合低溫沖泡，則是因為其製程未經歷氧化，這也意味著保留了茶葉中大部分的天然成分，特別是茶多酚、維生素和氨基酸。這些物質在較低的水溫下能夠逐漸釋放出細膩的風味，且避免過度萃取而產生苦澀味。

當水溫過高時，綠茶中的茶多酚會迅速溶解，導致茶湯過於苦澀，破壞原本清新、甘甜的口感。因此，綠茶的沖泡水溫通常控制在70至80度之間，才能慢慢釋放出綠茶中的甘甜與鮮爽。同時，低溫沖泡也能保留茶葉中的維生素和其他營養成分，使茶湯更為健康。

適合沖紅茶的水質關鍵為硬度

您是否也有以下的經驗？出國時帶著平日喜愛的茶款到國外沖泡，茶色、茶香卻完全不同。例如：纖細的大吉嶺紅茶，最常出現茶色灰暗，失去原來香氣的問題；阿薩姆紅茶在沖泡放置1至2分鐘後，不但茶色混濁，茶湯面上更出現了油漬；就連伯爵紅茶原本清新的柑橘系香味，也會產生奇怪的鐵鏽味。

水作為茶的溶劑，自然水的成分像是pH值、硬度、含氧量等等，對於提粹一杯好茶，都是極其重要的。

以紅茶來說，又以水的礦物質含量（特別是鎂、鈣的含量）最為關鍵。這些礦物質含量一般標示為「硬度」，最常出現於水質說明的方式則為「硬水」、「軟水」。目前有很多機構對於軟硬水的認定有很多差異，所以就不用這樣的文字來說明，直接用更加準確的量化數字來建議選用。

每一種水都是紅茶的真命天子

硬度為0至90度

這樣礦物質含量少的水，對於釋放茶內的物質有速度快的特性，所以適用於「冷泡」，因為即使沒有經過高溫加熱，仍然能有效釋出茶的滋味。例如：清新淡雅香味的印度大吉嶺紅茶、斯里蘭卡的努瓦拉伊利亞紅茶都非常適合。

硬度為90至140度

適度含有礦物質的水，礦物質與茶質結合，能有效提升茶特有的香味與甜味，是最適合沖泡各種紅茶的水。

硬度為150度以上

這樣含有大量礦物質的水，在礦物質與茶質結合後，常有阻擋茶香味的問題，若是大吉嶺這類品香的茶款，不僅香氣全失，茶色也灰暗不已，就是不適合這樣水質的茶款。

不過，這類含大量礦物質的水，能夠結合茶質後產生特殊的滑潤口感，仔細觀察會發現，茶與礦物質相結合，茶湯暗沉，茶湯上還呈現一層油光，這樣的水若與濃郁的茶結合，加入鮮奶做成奶茶享用，不僅口感滑順，而且不苦不澀，甜味十足，就成了最適合濃烈茶款調製奶茶的最優選項。想想看，英國到處都有美味的奶茶，而這水質就是大多數英式奶茶的功臣。

硬度 0 至 90 度

美味紅茶的黃金守則

自維多利亞時代以來，沖泡一壺美味紅茶來接待客人，成了仕女們的基礎技能。懂得茶性，知道如何表現紅茶質感、新鮮香氣、尋找柔順口感的茶款，也是課題。而印度大吉嶺、錫蘭烏瓦茶、中國祈門茶、英式伯爵茶、帶花香的玫瑰茶，都是當時很受歡迎的茶款。

沖泡方法當然也會大大影響茶湯的美味。以下要為大家介紹好記不敗的美味紅茶沖泡法，只要能掌握以下的重點，不管是用茶葉或茶包，都能沖泡出香氣四溢、溫潤順口的美味紅茶。

1 溫壺

將約茶壺 1/3 容量的熱水沖入壺中，加蓋溫熱後倒出熱水。

2 放入茶葉

將茶葉或茶包放入壺中。

3 熱水浸泡

沖入熱水後，蓋上壺蓋靜置浸泡，讓茶葉充分展開，釋出風味。

point 1 挑選好的茶葉並正確計量

一杯茶＝茶葉 2.5 至 3 公克：水 150 至 200 毫升。

point 2 使用新鮮且沸騰的熱水

使用剛汲取新鮮的水煮沸，沖泡紅茶以 94 至 98 度為最佳。

point 3 充足的浸泡時間

OP（Orange Pekoe，整片茶葉）：3 至 4 分鐘。

BOP（Broken Orange Pekoe，碎茶葉）：2 分鐘。

袋茶：1 至 1.5 分鐘。

point 4 倒出最後一滴茶水（黃金滴）

概念為完全濾乾茶湯，最後的茶湯最為濃郁醇美。

5 倒出最後一滴茶水

沖入熱水後，蓋上壺蓋靜置浸泡，
讓茶葉充分展開，釋出風味。

4 充足的浸泡時間

依茶葉種類加以計時。

Chapter 2

早餐茶

錫蘭烏瓦奶茶

錫蘭烏瓦茶是世界三大名茶之一，特徵是具有薄荷玫瑰清香又帶著濃郁的苦韻，選擇調製為奶茶，能兼具濃郁的茶味和爽朗香氣，尤其風味特色明顯、容易萃取，最適合用於沖泡式奶茶的作法。

只要掌握好茶葉量、沖泡時間和水量，並搭配牛奶和糖，誰都能輕鬆完成，是特別適合在匆忙的早晨中也能快速完成的美味茶飲。

材料（2杯）

紅茶茶葉12公克

※推薦使用錫蘭產的烏瓦或肯帝

水200毫升

鮮奶120至160毫升

細砂糖8公克

作法（基本濃味法）

1. 將12公克茶葉放入茶壺中。
2. 將200毫升的水煮沸至約94至98度。
3. 將沸水倒入1的茶壺中。根據茶葉類型，OP茶需要沖泡5分鐘，BOP茶則需3分鐘，這是基本濃味法中的關鍵步驟。
4. 將120至160毫升的鮮奶倒入沖泡好的茶水中，調整至喜歡的奶茶濃度。
5. 加入8公克的糖，可依個人喜好調整甜度。
6. 將茶湯、鮮奶和糖攪拌均勻後，即可倒入杯中享用。

可依個人喜好，使用更多的茶葉或者延長沖泡時間，來增強茶香及風味的濃郁程度。

洋甘菊奶茶

洋甘菊奶茶是一款舒緩心情、最適合在疲累時享用的飲品。結合了洋甘菊的鎮靜效果和紅茶的濃郁口感，再加上鮮奶的絲滑質地，這款奶茶不僅能夠舒緩壓力，對於原本不喜歡草茶草腥氣的朋友，更是最佳的入門選擇。

材料（2杯）

紅茶茶葉9公克
※推薦使用肯帝、魯芙那或阿薩姆
洋甘菊2公克
熱水200毫升
鮮奶70毫升
細砂糖8公克

作法

1 將茶葉和洋甘菊放入200毫升熱水中，沖泡3分鐘後，將茶湯過濾出來。
2 在濾好的茶湯中加入糖，攪拌至完全溶解。
3 將70毫升鮮奶加入調味後的茶湯中，輕輕攪拌均勻即可享用。

美味關鍵

這款茶特別適合加入少許楓糖來替代一般的砂糖，以感受不同層次的風味。

椰絲鍋煮奶茶

材料（2杯）

紅茶茶葉12公克（推薦使用肯帝或阿薩姆）、椰絲30公克、水200毫升、鮮奶200毫升、細砂糖8公克

作法

1 單柄鍋以乾鍋加熱至稍有溫度後，將椰絲倒入鍋中，以小火炒約3至4分鐘至香味散出、椰絲呈金黃色後，將三分之二的椰絲倒出備用，其餘的留在鍋中（注意：全程請務必用小火慢炒）。

2 將200毫升水倒入鍋中，煮沸後加入茶葉，關火後燜2分鐘。

3 加入鮮奶，開小火加熱並攪拌均勻，慢煮至稍微沸騰。完成後，將奶茶濾出。

4 將濾好的奶茶倒入杯中，加入糖和少許炒過的椰絲裝飾即可。

美味關鍵

除了椰絲，杏仁片也非常適合相同的作法，就是另一道「杏仁鍋煮奶茶」。椰絲或杏仁片若能多炒一些，還可當成小點心搭配享用，真的讓人非常滿足。

香蕉奶茶

材料（2杯）

阿薩姆紅茶葉9公克、熱水200毫升、鮮奶150毫升、香蕉6至7片（每片約1公分厚）、細砂糖8公克

作法

1 取3至5片香蕉輕輕壓碎，連同茶葉一起放入溫熱的茶壺中，加入200毫升熱水，沖泡3分鐘。

2 預留的香蕉果肉放入杯中備用，鮮奶溫熱備用。

3 將沖泡好的茶湯過濾後，加入糖和熱鮮奶攪拌均勻，最後將混合好的茶湯倒入放有香蕉果肉的杯中，即可享用。

美味關鍵

香蕉請一定要選擇熟透的，味道才夠濃郁，與奶茶融合後的風味極佳。

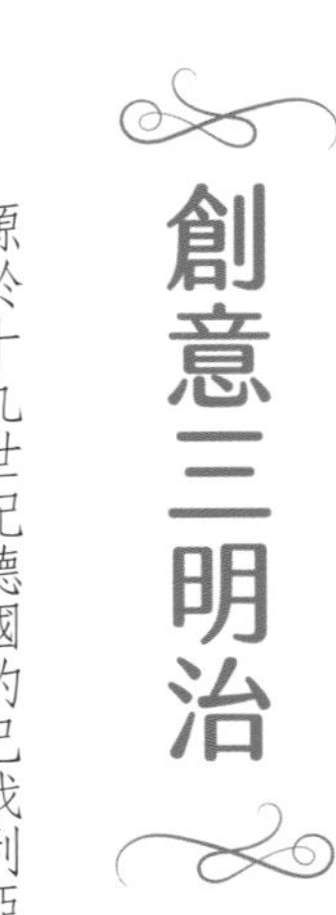

創意三明治

源於十九世紀德國的巴伐利亞醬，結合了培根和酸豆，風味獨特。這種經典醬料以豐富的口感和微酸甜味，讓平凡無奇的雞蛋沙拉或烤馬鈴薯，在味覺上都更具層次，適合應用於三明治或小點心夾餡。多樣化的運用方法，使其成為早晨輕食中很受喜愛的常備醬料。

巴伐利亞醬材料

培根100公克（切碎）
小酸瓜37公克（切小丁）
酸豆3公克
KEWPIE 美乃滋100毫升
黃芥末醬4公克
芥末子醬6公克
糖6.5公克
鹽0.5公克

巴伐利亞醬作法

1 以小火將培根煎至脆片狀，將煎出來的油脂濾出，放涼備用。

2 將小酸瓜丁與培根碎、酸豆、美乃滋、黃芥末醬、芥末子醬、糖和鹽一起拌勻即可食用，密封冷藏可保存3天。

巴伐利亞醬的便利應用法

1 升級蛋沙拉的風味。
2 搭配烤馬鈴薯和蔬菜棒。
3 作為麵包和蘇打餅的抹醬。

美味關鍵

一開始的炒培根脆是這道點心的關鍵，去除了培根多餘的油質，不但更清爽，也才能呈現出肉乾的脆口。

伯爵紅茶法式吐司

材料（4片）

白吐司4片、鮮奶250毫升、雞蛋2個、細砂糖30公克、伯爵紅茶包1袋、無鹽奶油30公克、蜂蜜（可省略）適量、藍莓果醬（可省略）適量、新鮮水果（如草莓、藍莓）適量

作法

1 將鮮奶加熱至接近沸騰，關火後放入伯爵紅茶包，浸泡約5分鐘。取出紅茶包後，讓牛奶靜置至稍微冷卻。

2 在大碗中打入雞蛋，加入細砂糖攪拌均勻後，將**1**的紅茶牛奶倒入蛋液中繼續攪拌。

3 將吐司片浸泡在紅茶牛奶混合液中，每面浸泡約20至30秒，讓吐司吸收液體。

4 平底鍋中放入無鹽奶油以小火加熱，將**3**的吐司放入鍋中，用中小火煎至兩面金黃，每面煎約2至3分鐘即可。

5 將煎好的法式吐司取出擺盤，並依據喜好淋上蜂蜜，抹上藍莓果醬，搭配新鮮水果裝飾。

料理訣竅

1 使用略為乾燥的吐司會更容易吸收混合液，也可避免過於濕潤導致不成形。

2 若想增加風味，可以在牛奶混合液中加入少許天然香草精。

燕麥藍莓蛋糕

材料（6個）

無鹽奶油70公克、細砂糖80公克、低筋麵粉130公克、即食燕麥片20公克、雞蛋2個、香草油2滴（可省略）、藍莓果醬20公克、冷凍混合漿果150公克

作法

1 將將無鹽奶油放入碗中，用手動攪拌機或攪拌至奶油狀。

2 分三次將砂糖加入奶油中，每次都要攪拌均勻才能再加糖。

3 將雞蛋放入另一個碗中，加入香草油攪拌均勻（亦可省略不加）。將雞蛋分三次加入2的奶油中，繼續攪拌至均勻。

4 將麵粉篩入3的材料中，加入燕麥片，用木匙攪拌至麵糊有光澤。

5 將麵糊倒入準備好的小烤杯中，均勻鋪平，再撒上冷凍或新鮮藍莓，亦可再塗上藍莓果醬。

6 放入預熱好的烤箱中，將溫度降低至180度，烤30分鐘。當表面的外皮變成淺金黃色時，把竹籤插入中間，沒有任何東西粘附在竹籤上即可。

料理訣竅

若喜歡清爽一點的滋味，也可將70公克無鹽奶油改為30毫升的一般食用油。

簡單英式早餐

這份經典英式早餐涵蓋了豐富的配料，如香脆培根、嫩滑煎蛋和多汁的烤番茄。炒蘑菇使用新鮮蘑菇和香料增添風味與口感層次，搭配金黃香腸和培根，使早餐更加滿足，能為你帶來一整天的充沛活力。

材料（2至3人份）

新鮮番茄2至3瓣（根據大小調整）

炒蘑菇

a 新鮮蘑菇250公克（蘑菇可替換成香菇或秀珍菇）
b 無鹽奶油20公克
c 橄欖油15毫升
d 蒜瓣2瓣（約10公克）
e 義大利綜合香料5公克
f 新鮮百里香約1公克或乾燥百里香0.5公克
g 鹽2公克（或依喜好調整）
h 黑胡椒粉適量

香腸2根（約200公克）
培根3片（約100公克）
雞蛋1至2個
鹽、黑胡椒粉適量

作法

1 番茄切瓣，放在烤盤上，撒上少許鹽和胡椒粉（份量外），放入預熱至200度的烤箱中烤10至15分鐘，直到番茄變軟、邊緣出現焦糖化。

2 大煎鍋以乾鍋預熱，鍋中放入菇類以小火煎炒至水分散失乾扁、溢出香味後，加入少許橄欖油續炒1至2分鐘，再加入綜合香料和少許百里香、鹽和黑胡椒粉，繼續拌炒1至2分鐘，使香料風味充分與菇類融合，盛出備用。

3 在煎鍋中把香腸和培根煎熟，直到兩者金黃酥脆。

4 在煎鍋中放入少量橄欖油，將蛋打入，依據自己喜好煎至全熟或半熟，並用鹽和胡椒粉調味。

5 將烤番茄、炒蘑菇、香腸、培根和煎蛋盛入盤中，即可享用。

料理訣竅

1 炒菇要好吃，祕訣在於先用乾鍋以小火煎炒，讓菇類的水分散失變得乾扁，至香味釋出，這便是美味的關鍵。

2 煎香腸前可將香腸切幾個小口，可避免在煎的過程中爆裂。

Special Column

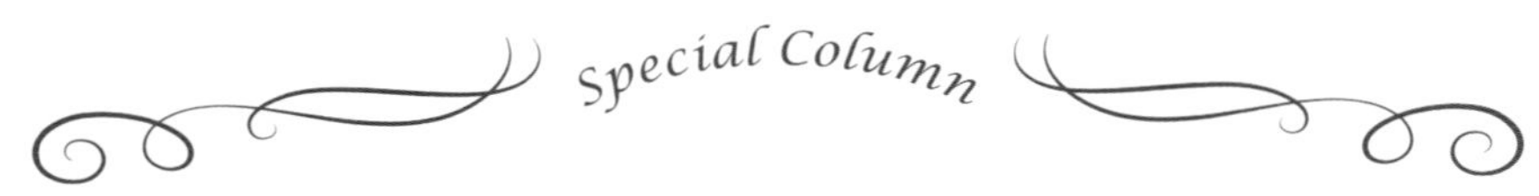

英國人的早餐時光

習慣是一種 DNA，歷史就是見證的共同創造者。

什麼是英國早餐茶？

「英式早餐茶」可說是將英國人在不同時段喝茶的文化，體現到淋漓盡致的一個名詞，尤其每個英國品牌茶，都一定會有專為早餐而混調的茶款，例如：哈洛德（Harrods）的14號早餐茶（No.14 English Breakfast），就是很多朋友去英國觀光必帶的百貨紅茶標準伴手禮；還有帶一點時髦摩登感的品牌Whittard的英國早餐茶，深受年輕一輩的喜愛。當然，提到英國，就不能不提英國貴族名品福南梅森F&M（Fortnum & Mason），銷售極佳的著名產品婚禮早餐茶（Wedding Breakfast Blend），也充分顯示了英式早餐品茶的重要地位。

早期的英國貴族因為起得晚，一日只吃兩餐，分別是大約十點的早餐以

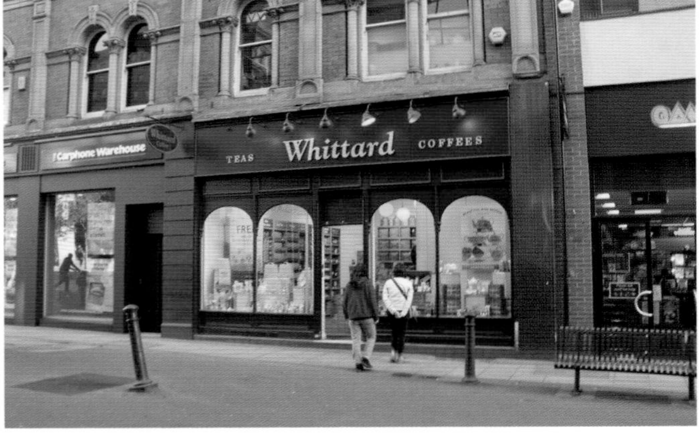

英國茶品牌 Whittard，成立於 1886 年，圖為位於英國里茲的分店。

及晚上八點的晚餐，英國人認為在經過一整晚睡眠沒有進食的狀態，一早開始需要精力充沛，所以早餐必須非常豐富。這一點，我們可以從拆解英文BREAKFAST早餐的字源發現端倪。BREAK＝打破，FAST＝迅速，解釋成打破禁食、迅速補充能量的第一餐，連字源都有了，可見得其重要程度。

雖然英式早餐也因區域有些許不同，不過那一大盤豐富的內容，不外乎是煎火腿腸、香脆培根、雞蛋、烤番茄、煮豆子，再加上馬芬麵包或烤得香脆的土司，以及老英國人早餐必有的柑橘果醬奶油、橙汁。再來組茶具，一大壺亮眼吸睛的紅茶、糖罐、奶盅，講究一點的還會再備上一小盤烤蘋果作為甜品，這完美的一餐確實讓人無比滿足，我想從字面上就能感受這一大桌子的華麗與豐盛了。

三款經典早餐茶品牌

Whittard

主要使用來自印尼西爪哇的茶葉，散發出麥芽般的濃郁香氣。與其他品牌以阿薩姆為主的強烈混合相比，這款茶擁有稍微輕盈的花香調，適合喜歡平衡風味且不過於強烈的飲茶者。

Harrods No.14

混合來自阿薩姆、錫蘭和肯亞的茶葉。阿薩姆茶葉賦予了茶濃厚的麥芽香氣，而錫蘭茶則帶來清脆爽口的口感，來自肯亞的茶葉則增添了深邃與強度，創造出濃郁且具有層次的口感。

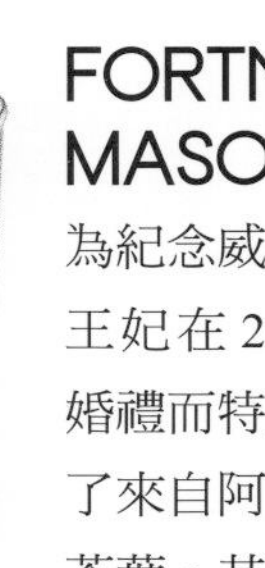

FORTNUM & MASON

為紀念威廉王子和凱特王妃在 2011 年舉行的婚禮而特別創製，結合了來自阿薩姆、肯亞的茶葉，其風味強烈又順滑，象徵皇室婚禮的喜悅與優雅。

早餐茶特色與由來

要能承擔起這樣豐盛餐桌的紅茶，必須要有幾個特質：

● 能去除培根香腸這些重口菜餚的油膩感

● 符合英國人喜愛調製成奶茶的習慣

所以通常英式早餐茶都被調製成濃郁且甜味十足的模樣，所以即使你沒有特別想吃英式早餐茶，也能夠用這款早餐茶調製出非常好喝的奶茶，是奶茶控不能錯過的喔。

傳統的英式早餐中，英國早餐茶總扮演著無法替代的角色，無論是在家中還是餐廳，這杯濃郁的茶飲都能喚起一天的活力，記得一句英國諺語：「早晨喝的一杯茶，直到晚上都能潤澤身體不乾枯」，或許就是源自這一杯濃烈的早餐茶。

據說，早餐茶最初是由蘇格蘭茶商創製的。當時，英國人喜歡飲用強烈且提神的茶飲，特別是在早晨搭配傳統的英式早餐。茶商為滿足這樣的需求，開始混合不同的茶葉，創造出濃厚但順口的茶品，這就是今日英國早餐茶的雛形。

要滿足以上條件的英國早餐茶配方，通常由多種茶葉混合而成，最常見的是來自印度阿薩姆（Assam）、斯里蘭卡錫蘭（Ceylon）以及肯亞的紅茶。這些茶葉各自具有不同的特質，當它們混合在一起時，便形成了早餐茶獨特的風味層次。

像阿薩姆紅茶以其強烈的麥芽香氣和豐富的口感而著稱，能提供茶湯濃厚且深邃的味道。而錫蘭紅茶來自斯里蘭卡，具有較為明亮的色澤與清新的果香，為茶湯增添一絲輕盈。近代很有人氣的新興產區肯亞紅茶則以濃烈和與帶著草香氣聞名，為早餐茶提供更強的收斂性與香味。

大多數的英國早餐茶具有高濃度的茶多酚與咖啡因。當沖泡得當時，茶湯應該呈現深紅褐色，具有濃厚的口感和麥芽香氣。

總結來說，英國早餐茶是一款歷史悠久、濃厚且充滿層次感的混調紅茶。

英國早餐也是一種社交場合

你有看過古典英式電影情節中，女主人半躺於床上奢侈悠閒的在房間享用早餐茶的情景嗎？

除了填飽肚子，儲備一天的精力之外，與現在我們早上總是匆忙，趕上班上課的情況不同，早期貴族們也運用這慢慢品嚐早餐的時間，成為談天交流的時刻，尤其從前交通不便，多半都需經過長途跋涉，就像現代人出國旅遊一樣，不會只規劃一日行程。所以貴族們之間的往來，招待客人的規格，常常都是從下午茶、招待客人的次日的早餐。早餐茶作為招待客人的最後一個亮眼時刻，也是交流回味本次宴請內容、增進感情的時候，因此也產生一個有趣的現象——未婚女子可以藉由早餐時刻，再與或許有機會發展成戀人的賓客聊聊天，促進感情。而已婚女士，例如伯爵夫人，就可以省去這樣的社交，舒服地讓僕人將早餐茶端至床上，悠閒地享用。

這就是本文最開頭的女主人專屬的奢華享受，而男士與未婚女子則能藉由早餐茶，再次愉悅的交流。

瑞典畫家漢娜．赫希．保莉（Hanna Hirsch-Pauli）的畫作《早餐時間》（1887），可看出當時茶在歐洲早餐中佔有不可或缺的地位。

Chapter 3

十一時茶

鮮果茶

鮮果茶是強調不加果醬與濃縮果汁調味的一款新鮮水果茶飲，具有清新的口感和豐富的果香。這款茶飲將蘋果、鳳梨、哈密瓜、草莓等水果與紅茶融合，不僅色彩繽紛，還能帶來愉悅的味覺享受。

材料（2杯）

紅茶茶葉6公克（或茶包2袋）
※可選擇錫蘭混調紅茶或一般原味紅茶
水450毫升
塊狀糖5至8顆
新鮮水果適量
基底：蘋果1/2個（切片，鋪底）
主味：鳳梨6至8片（中段）、哈密瓜、草莓
裝飾：柳橙2片、藍莓6至8顆

作法

1 在一只茶壺中，將450毫升熱水與茶葉（或茶包）沖泡3分鐘，然後過濾出紅茶湯備用。

2 在另一耐熱玻璃壺中，依序堆疊蘋果片、鳳梨片、哈密瓜、草莓等水果，水果中間可以穿插堆疊塊狀糖和柳橙、藍莓。

3 將**1**的茶湯，沖入**2**的玻璃壺中。

4 用小燭台加熱玻璃壺中的鮮果茶約20分鐘再享用，你會發現主味水果變得更加美味，使整杯茶飲更加鮮香。

水果的比例與堆疊順序都經過精密的味覺與視覺設計，是最適合初學者的完美不敗配方。

椰汁果茶

材料（1壺）

錫蘭混調紅茶葉9公克、熱水340毫升、水果適量（鳳梨、蘋果、椰果肉均切大塊）、椰子水150毫升、椰子蜜8公克（可省略）

作法

1 將切成大塊的鳳梨、蘋果和椰果肉排放在透明玻璃壺中。
2 將椰子水倒入玻璃壺中，確保椰子水的加入順序正確，以保持風味均勻。
3 將錫蘭混調紅茶葉放入熱水中沖泡4分鐘，然後將茶湯過濾至玻璃壺中。
4 用小火加熱玻璃壺中的果茶約30分鐘，如想加入椰子蜜，請趁熱調入即完成。

美味關鍵

椰汁果茶是一款融合了錫蘭紅茶與新鮮水果的南洋風味飲品。濃郁的紅茶基底與清甜的椰子水及果肉完美結合，使其不僅風味濃郁，鮮美的椰果肉更是品嚐亮點。

桂花蘋果茶

材料（2杯）

紅茶茶葉6公克（可選擇肯地、汀布拉或錫蘭混調）、熱水340毫升、蘋果3片、細砂糖8公克、桂花少許

作法

1 將2片蘋果稍微擠壓後，連同果肉和果汁與茶葉、少許乾燥桂花放入已溫熱的茶壺中。
2 在壺中加入熱水，沖泡3分鐘後濾出茶湯。
3 將1片蘋果放入杯中，加入砂糖備用。
4 將2的茶湯倒入3的杯中，裝飾少許桂花，即可享用。

美味關鍵

蘋果香氣是此款茶飲美味的重要關鍵。選擇香氣十足的紅色蘋果，在配色上會更加亮麗，是優於綠蘋果的選擇。

香港鴛鴦奶茶

材料（2杯）

斯里蘭卡調和紅茶葉6公克、開水200毫升、即溶咖啡粉2公克、水50毫升、鮮奶100毫升、煉乳30毫升、細砂糖8至15公克（可省略）

作法

1. 將紅茶葉放入茶壺中，倒入剛煮沸的開水200毫升，浸泡3分鐘。
2. 準備一個杯子放入咖啡粉和50毫升水，調成濃香咖啡。
3. 將沖好的紅茶湯和咖啡倒入同一個大杯中，輕輕攪拌均勻。
4. 將鮮奶加熱至接近沸騰，倒入**3**的紅茶咖啡混合液中。若用鍋煮，請注意轉小火煮至牛奶稍微起泡即可，不要煮沸。
5. 接著加入煉乳，依據喜好調整甜度。如需更多甜味，可添加8至15公克的糖。
6. 將所有材料攪拌均勻直到糖完全溶解，即可享用。

美味關鍵

鴛鴦奶茶的口味可根據紅茶和咖啡的濃度進行調整，香港朋友更重視滑順的口感，而這股「滑順感」可以用煉乳或港式奶水加以調整，講究口感的朋友不妨嘗試看看。

中東荳蔻奶茶

材料（2杯）

阿薩姆CTC紅茶葉6公克、小荳蔻2顆（搗碎）、沸水200毫升、鮮奶150毫升、細砂糖8公克、小荳蔻少許（裝飾用）

作法

1. 將阿薩姆CTC紅茶葉和搗碎的小荳蔻放入茶壺中，倒入剛煮沸的熱水，加蓋燜泡約5分鐘。
2. 將鮮奶加熱。若用鍋煮，請注意轉小火煮至牛奶稍微起泡即可，不要煮沸。
3. 使用濾網將茶葉和小荳蔻濾除，將濾好的茶湯倒入茶杯或茶壺中，再加入**2**中的熱牛奶，並加入砂糖攪拌均勻。
4. 撒上少許小荳蔻作為裝飾，即可享用。

美味關鍵

1. 如果想要更有異國風情，可以試試中東及印度普遍流行的拉茶。
2. 將作法**3**的茶湯，用2個馬克杯反覆將奶茶倒入和倒出4至5次，製造泡沫，口感會更加滑順。

OOLONG

客家擂茶

擂茶是一款來自台灣的傳統茶飲，最早流行於客家村落，以其獨特的風味和豐富的營養成分廣受喜愛。這款茶飲的特色在於使用研磨方法將各種五股堅果和茶葉混合，形成具有豐富香氣和濃稠口感的飲品。不僅滋味迷人，還富含健康成分，是補充營養的佳品。

材料（2碗）

任一碎葉紅茶3公克
綠茶粉3公克
白芝麻20公克
黑芝麻20公克
熟花生7至8顆
熟玄米1把
葵花籽20公克
水500毫升
冰糖20公克

作法

1. 請確保各項食材均為可即食狀態，黑白芝麻、花生、葵花子可分別用乾鍋小火炒香，香氣更佳。
2. 將除了茶葉以外的各項食材一起放入擂缽中，用擂杵研磨至細粉狀。
3. 茶葉請單獨輕微研磨，至適合入口的程度後，與**2**磨好的粉末混合均勻。
4. 在鍋中加入500毫升水，加入研磨好的

3，煮沸後轉小火煮約5分鐘，接著將糖放入攪拌至溶解。

5 擂茶就像古早味麵茶一樣，濃度請依個人喜好調整水量即可。

沖茶訣竅

適用於擂茶的食材還有很多，各種果仁，還有紅棗、枸杞也很常見，可以多加嘗試，可變化出不同的風味。擂茶的精髓在於「擂」──研磨這個動作，請在假日悠閒的擂茶，非常療癒喔！

和風黃豆粉奶茶

和風黃豆粉奶茶是一款融合了茶香、豆奶和黃豆粉的創意飲品，這道茶品的原點來自於一家日本茶鋪。簡單易做，充滿古早風味，適合喜愛黃豆粉香氣的朋友享用。

材料（2杯）

茶包3至4袋

※建議使用立頓紅茶或其他品牌錫蘭紅茶

水200毫升

鮮奶150毫升

豆漿50毫升

黃砂糖適量

黃豆粉適量（調味用）

立頓是第一個將紅茶根據各地區水質修正拼配茶的品牌，所以立頓黃色茶包受到全世界人們的喜愛，是日常紅茶的代表。

作法

1 取一小碗，先用蓋過茶包的熱水，將全部的茶包泡開，放置一旁備用。

2 在鍋中加入200毫升水、150毫升鮮奶和50毫升豆漿，用小火煮至起小泡泡後關火。

3 將1的茶湯及茶包加入2的鍋中，加蓋靜置2分鐘，使茶香和奶味充分融合。

4 加入黃砂糖和少許黃豆粉調味，依個人喜好調整甜度和豆粉量，即可享用。

美味關鍵

黃豆粉的份量要注意，達到提香效果即可，過多會讓茶湯過於濃稠。另外若搭配烤年糕一起享用，即能享受滿滿的日式風情。

紅棗堅果糖脆

材料（1盤）

腰果、杏仁果、無花果、紅棗等各種喜愛的果乾與核果仁、熱水20毫升、黃砂糖100公克（不可受潮）、肉桂棒1根或小荳蔻4顆

作法

1 將果仁緊密排在鋪有烘焙紙的平盤上。

2 將肉桂棒或小荳蔻浸泡熱水，沖泡出味道後取出。或者也可直接用少許荳蔻粉調入水中取代。

3 將砂糖與2的香料水放進鍋中，用小火慢煮成濃稠狀。

4 將3的黏稠糖膏均勻倒進1的平盤中，沾黏或覆蓋果仁，放涼後撥開成小片狀即可。

美味關鍵

1 使用有明火的爐具比較容易控制火力，使糖漿溫度均勻，較不易失敗。

2 注意！步驟3加熱時不可隨意攪動，待糖漿已形成中大泡泡時，若還有未均勻的材料，再輕輕搖動鍋身，直到整鍋糖漿都是大泡泡再關火。

糖霜吐司

材料（2片）

白吐司2片、無鹽奶油25公克（切小塊）、肉桂風味糖粉（白砂糖100公克、肉桂粉10公克）、玫瑰風味糖粉（乾燥有機玫瑰花10公克、細砂糖100公克）

作法

1 烤箱預熱至200度。將吐司放在烤盤上，並在表面塗抹一層薄薄的無鹽奶油。

2 將吐司放入預熱好的烤箱中，烤約8至10分鐘，至表面金黃酥脆，取出待稍微冷卻，切成4等份。

3 製作肉桂風味糖粉：將糖與肉桂粉拌勻即成。

4 製作玫瑰風味糖粉：玫瑰花先用攪拌機打碎，再與砂糖拌勻即成。

5 在吐司表面均勻撒上肉桂風味糖粉或玫瑰風味糖粉，即可享用。

美味關鍵

1 也可搭配果醬或奶油，增加風味。

2 最好選用厚片吐司，才能烤出酥脆的口感。

原味手工餅乾

材料（直徑2公分，60至70小片）

低筋麵粉300公克、無鹽奶油210公克（切小塊）、細砂糖120公克、蛋黃2個、鹽1公克

作法

1. 將低筋麵粉、糖、鹽過篩後，放入大碗中混合均勻？
2. 將奶油放入**1**的大碗中輕輕攪拌，用指尖輕搓奶油至完全看不見奶油且融合變色為止（此步驟可以用攪拌器代勞）。
3. 一邊緩緩加入蛋黃，一邊拌勻至麵粉呈麵團狀。
4. 將**3**的麵團放入乾淨塑膠袋中，用擀麵棍將麵團擀成厚約2公分的平整麵團，連同袋子放進冰箱冷凍。
5. 烤箱開始預熱，溫度設定為200度。
6. 取出麵團，使用餅乾模壓形（盡量在麵團冰冷的狀態下壓模），排盤後刷上蛋黃液。
7. 放入已預熱烤箱，以上火190度、下火200度烤約16分鐘即可。

美味關鍵

餅乾烘烤到最後1至2分鐘時，需仔細觀察餅乾的上色程度。底部顏色因為接觸烤盤會比較深，並呈現漸層般地延續到餅乾的一半高度，這樣就代表餅乾烤得很完美。

巧克力手工餅乾

材料（直徑2公分，60至70小片）

低筋麵粉330公克、黑巧克力粉20公克、無鹽奶油200公克（切小塊）、細砂糖140公克、鹽1公克

作法

1. 將同原味餅乾的作法**1**至**2**，完成原味麵團後，再加入黑巧克力粉，繼續拌至材料完全均勻。
2. 將麵團放入乾淨塑膠袋中，用擀麵棍將麵團擀成厚約2公分的平整麵團，連同袋子放進冰箱冷凍。
3. 烤箱開始預熱，溫度設定為200度。
4. 取出麵團，使用餅乾模壓形（盡量在麵團冰冷的狀態下壓模），排盤後刷上蛋黃液。
5. 放入已預熱烤箱中，以上火190度、下火200度烤約16分鐘。

美味關鍵

1. 麵團可冷凍保存2個月，取出需要的量烘烤即可。
2. 喜歡甜鹹口感的朋友，可在烘烤前撒上少量的鹽跟糖粒，風味會更具層次。

Special Column

各國茶文化的獨特魅力

你對生活的熱愛、留戀、追求，
總藏在那些平凡的、看似無用之事上。

英國——悠閒美麗

英國的下午茶，可以說完全展現出英國飲食文化的精髓，「悠閒美麗」、成套華麗的茶具，襯托出樸實的家常烘焙點心，坐在透著光的玻璃屋，擁抱花花草草，享受整個下午的飲茶時光。

「茶」，從一開始東方略帶禪意的形象，自英國茶之後，徹底成為悠閒享受生活具像化的特殊文化。雖然下午茶的習慣，最初是貝德芙公爵夫人安娜．瑪莉亞（Anna Maria）在正式晚餐前墊肚子的小食時光，後來擴散至整個英國社會，成為大眾爭相模仿的社交方式。而從早餐茶、十一時茶到下午茶等，一日飲茶七、八回的生活方式，也逐漸融入每一個英國人的日常生活中。

「要不要一起喝杯茶？」這句簡單的問候語，是人們開啟友誼的鑰匙，更是英國在工業革命取得巨大成績後，添上優美飲茶軟文化，展現日不落帝國美好生活的關鍵。

英式下午茶的發明人：貝德芙公爵夫人安娜．瑪麗亞。

歐式調茶的原點

典型的英式傳統調茶，可說是歐式

19世紀末，有多許畫作都描繪維多利亞時期的貴族仕女們，在庭園裡享用下午茶的場景。

調茶的原點。像是為搭配早餐調製的濃郁「英式早餐茶」，配合皇室印象調製的「安女王茶」，再到著名的有佛手柑（香檸檬）香氣的「格雷伯爵茶」，這些茶相較於其他國家，都有著講究基底平衡有韻味的特性，即使是較新穎的品牌，也較少出現香味堆疊複雜，嚐不出底蘊的狀況。這是因為對於「茶」就等於「奶茶」的英國人來說，適當的濃郁基底茶，是添加牛奶享用最重要的標準，也是評斷茶是否美味的基礎。

傳統的英式品茶生活

而對於喜愛花草庭園的英國人來說，最具特色的品茶環境，就是透出陽光明亮的玻璃茶屋庭園下午茶，優雅的桌巾與華麗的茶具，更能襯托樸實的手作點心。除了印象中，大城市高級飯店裡那些充滿銀器配件的精緻下午茶外，在寧靜的鄉村，看起來像某人家後院，手寫的奶油茶招牌對於老饕來說，就像受邀去朋友奶奶家喝茶、品嚐司康餅般的讓人期待。

英國人除了喜歡將茶搭配牛奶一起享用，三層蛋糕架上的三明治、司康餅、傳統的維多利亞蛋糕、胡蘿蔔蛋糕等，還有看似簡單卻講究用料的三明治，這些注重食材的家庭味讓人百嚐不厭。先鹹食後甜品的進食方式也是準則，由下往上一層一層享用點心的英式午茶守則看似簡單，其實也是用轉換味道的方式來堆疊層次感，讓味蕾時時感受新鮮。這樣的英式品茶魅力，請親自探索。

法國——精緻浪漫

傳說最早在法國喝茶的貴族是路易十四，當時以東方神奇靈藥美名傳入的茶，被御醫推薦給路易十四國王，被當成養生聖品而大量飲用。

從十九世紀在法國藝術家之間交流的咖啡廳文化開始至今，法國仍予人咖啡之都的深刻印象。相對的，以優雅女性為中心的茶館（Tea Salon），雖然數量不如滿街的咖啡廳，但法國的茶館大多以專業、優雅氣氛佔據法國仕女的心。在特別的日子、重要的聚會，比起咖啡，法國仕女大都選擇步調緩慢特別的TEA SALON。

層次豐富的法式風味茶

法式風味茶的特性是香味有層次感。如同香水般的概念，調茶食材也很豐富，除了常見的花瓣、辛香料之外，糖塊、巧克力都能入茶，是很新穎的型態。

法國茶的時髦環境也以華麗高級沙龍為主，法國最有名的咖啡，反而是匆忙的日常飲品，茶被定調為特別日子才會品飲的高級享受。

法國茶會餐點中，多是精緻多樣化、層次豐富的點心。小小的鵝肝凍、魚子醬脆餅、繽紛馬卡龍、外脆內Q的可麗露，配上茶飲與開胃的香檳，這樣奢華的享受，高度契合法國這樣浪漫的國度，因此，品茶之於法國就是「精緻浪漫」的代名詞。

法國 Mariage 家族數代以來都經營茶葉貿易，圖為位於巴黎瑪黑區的 Mariage Frères 茶館，提供超過 800 種茶葉，2 樓並設有茶葉博物館。

俄羅斯——甜蜜溫暖

俄羅斯比其他歐洲國家更早接觸茶，是因為來自中國的茶，以大篷車直接走陸路運送至俄羅斯。而俄羅斯一年中多數時間都處於嚴寒時節，銀白世界隨時都備著甜甜的熱紅茶，是俄羅斯人極為重要的傳統生活方式。

俄羅斯的飲茶靈魂——茶炊

俄羅斯茶炊出現在十八世紀，是一種上頭可放置茶壺保溫茶水，下層為大容量煮水壺，通常由銅打造。早期內部放置木炭與柴枝，現代則多為導熱電管，是保溫性非常好的煮水器具，也是最能代表俄羅斯的特色飲茶風格。

最上層的銀製茶壺中，放著沖泡好的四倍濃縮茶湯，下方則是無時不刻都備著熱開水，享用紅茶時，只要在杯中倒入四分之一濃縮茶湯，再加入四分之三的開水，就可以即時享用熱呼呼的美味紅茶。

對於俄羅斯的家庭來說，要度過漫漫寒冬，俄羅斯茶炊絕對是不可或缺的。除了可隨時提供熱茶，一整日散出的溫熱蒸氣，著實溫暖了房子，也是最好的暖房工具。

此外，俄國人在享用紅茶時總少不了糖（不管是嘴裡含糖、往茶裡加糖，或一邊吃蜂蜜、果醬等），糖與果醬搭配茶一起飲用，不僅美味而且驅寒效果佳，所以果醬茶在俄羅斯一直非常受歡迎。

比起其他國家的點心大多以奶油及麵粉為主要原料，俄國人則以砂糖為主原料，當然，這與需要迅速補充熱能有關。吃進嘴裡馬上融化，可以立即被身體吸收利用，所以水果軟糖在俄羅斯極受歡迎，也是俄羅斯飲茶予人「甜蜜溫暖」印象的原因。

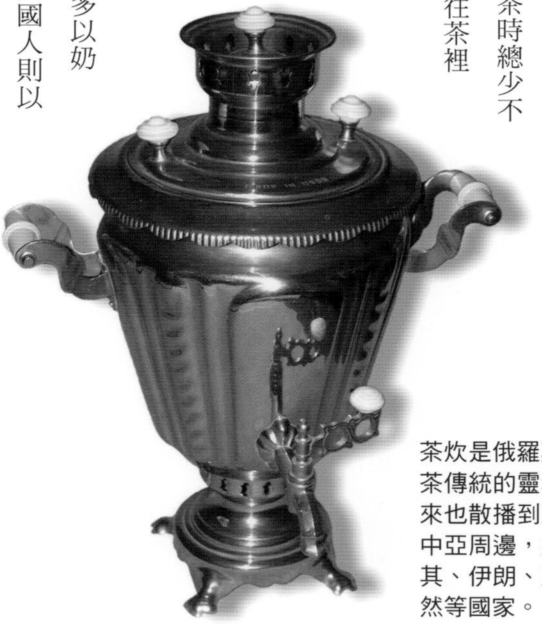

茶炊是俄羅斯人飲茶傳統的靈魂，後來也散播到東歐與中亞周邊，如土耳其、伊朗、亞塞拜然等國家。

印度——活力泉源

印度不但是全世界紅茶的最大產地，紅茶的消費量也相當驚人。對印度人來說，一日飲茶六、七回的習慣，不僅是因為曾為英國殖民地而受到英國飲茶文化影響的關係，時時飲用加入大量砂糖及牛奶的茶伊（Chai），更是即時補充能量最重要的生活必須品。

帶來生機與活力的香料茶

雖然知名的大吉嶺、阿薩姆紅茶，單是純飲就有很好的滋味，但因為受到生活習慣影響，印度人非常依賴香料。除了喜愛香料的風味和健康方面的助益，因為熱帶國家的氣溫常年居高不下，致使食物的腐敗速度驚人，為了防止飲食安全問題，所以才會如此依賴香料，當然茶也不例外。在茶飲加入香料的茶品，在印度當地被稱為「茶伊」、「瑪莎拉茶」（Masala Chai），而「瑪莎拉」就是各式各樣的香料茶混調在一起的意思。

走在印度街頭，最常見就是街邊各式各樣的小吃攤，其中一定不乏現磨香料現煮的香料奶茶攤。而且茶攤會用以當地泥土捏製的陶杯——「庫拉杯」（Kolkata）來盛裝，人們喝完就扔在地上摔碎，讓一切回歸塵土，十分環保，同時也可避免重複使用。

日本——和洋魅力

日本除了維護傳統抹茶茶道之外，在崇尚與茶道同樣優雅的英國飲茶文化的風氣推動下，日本人對於更貼近日常生活的紅茶的喜愛，從成立罕見

（右頁）印度的街邊茶攤會用以當地泥土捏製的陶杯，來盛裝香料奶茶。

（左頁）明治維斯的西化與通商開港，日本也開始引進西方的下午茶文化。這幅繪於1861年的畫作《橫濱異人屋敷之圖》，即描繪了西方人在橫濱私人住宅中的茶會情景。

的促進紅茶發展的紅茶協會，以及生活中充滿流行的紅茶茶館、紅茶教室，就可窺知一二。

數不清的特調茶品

因應世界紅茶潮流，不讓國外品牌專美於前，以日本綠茶、抹茶為生產大宗的茶區，也漸漸開始有紅茶作品，近年甚至刮起一陣「和紅茶」風潮，即以在日本栽種的茶葉所製成的紅茶，像是鹿兒島的薩摩紅茶，以及搭配水蜜桃的桃香紅茶等，都很受歡迎。

此外，日本人更發揮其創造力，改變傳統的品嚐紅茶方式，加入各種食材，變化出我們今日常見的水果茶、皇家奶茶（Royal Milk Tea）與各種特調風味茶，這些多樣化的茶品也多源自於日本。

善於營造氣氛的日本人，除了紅茶之外，對其週邊的茶道具、布置用品也非常用心，加上宣傳與英國飲茶相關的傳統英國文學故事，讓日本仕女們不只充分享受維多利亞時代般的優雅飲茶氣氛，也開創新的時尚話題。在日本，飲用紅茶儼然成為兼具古典與時尚的優雅興趣。

Chapter 4

午餐茶

冰紅茶

冰紅茶源自於美國，是解渴又清爽的飲品，特別適合炎熱的夏季。使用袋茶沖泡法可簡化製作過程，以快速萃取出適合的濃度，搭配冰塊溶出美味茶湯。

材料（2杯）

紅茶袋茶2包（4至6公克）

※建議使用錫蘭

沸水200毫升

冰塊一大壺

作法（基本袋茶沖泡法）

1 將200毫升沸水倒進壺中，接著放入袋茶浸泡。

2 沖泡時間為2分鐘。因浸泡時間過長會使茶湯變苦，請根據口味調整時間。

3 準備一只大壺並裝滿冰塊，倒入2的茶湯並立即快速攪拌，接著馬上將冰鎮的茶湯濾出，以確保茶湯濃度不會被冰塊過度稀釋。

4 完成的茶湯可依個人喜好，如圖片示範搭配檸檬、薄荷、莓果等材料，增加口味與視覺上的變化。

各式袋茶沖泡法

1 溫熱茶杯或茶壺。
2 倒入熱水後，放入茶包。
3 加蓋浸泡 2 至 5 分鐘後，輕輕將茶湯搖晃均勻。
【扁平茶包浸泡 2 分鐘，三角茶包浸泡3分鐘，布製茶包浸泡5分鐘】
4 取出茶包，即可享用茶湯。

美味關鍵

冰茶美味的重要關鍵，就是要選對茶類，依據我的經驗，通常以濃度適中的拼配錫蘭紅茶最為推薦。

海藍水物語檸檬茶

這是一款視覺與味覺雙重享受的飲品。以大吉嶺或努瓦拉伊利亞茶葉為基礎，搭配紫羅蘭和檸檬片，形成獨特的藍紫色漸層效果，不僅在顏色上引人入勝，其酸甜的口感能帶來清新的享受，簡單就能製作出這款充滿魔法氣息的飲品。

材料（3至4杯）

紅茶茶葉約6公克＋沸水200毫升
※建議使用大吉嶺或努瓦拉伊利亞
紫羅蘭約10公克＋常溫水300毫升
冰塊適量
糖水40毫升（作法見第131頁）
檸檬片2片（0.5公分）
薄荷適量（裝飾用）

作法

1. 將紫羅蘭浸泡在常溫水中5至20分鐘後，濾出紫羅蘭花，紫羅蘭水保留備用。
2. 將茶葉放入茶壺中，沖入沸水，沖泡3分鐘後濾出茶湯。
3. 取一玻璃杯，放入冰塊至七分滿，然後加入20至30毫升的糖水。
4. 將**2**的茶湯倒入**3**的玻璃杯中，攪拌均勻。
5. 將**1**的紫羅蘭水注入玻璃杯中，直至約九分滿，以形成美麗的藍紫漸層效果。
6. 將檸檬片放入杯中，即可呈現美麗的藍紫色交錯效果，並帶來清新的香氣。

美味關鍵

1. 紫羅蘭用常溫水浸泡，才不會澀口。
2. 紫羅蘭水的顏色會影響最終飲品的色彩，適量調整紫羅蘭量可以獲得理想效果。

櫻花粉紅奶蓋茶

櫻花粉紅奶蓋茶融合了櫻花的淡雅香氣和奶蓋的濃郁口感，是一杯充滿柔美氛圍的茶飲。櫻花的粉紅色與奶蓋的乳白色相互映襯，不僅顏色視覺甜美誘人，其獨特的奶茶風味搭配略帶鹹味的櫻花也令人回味無窮，是視覺味覺皆浪漫的茶飲。

用湯匙將奶泡輕柔地舀入杯中，用湯匙背面抹平表面，就能得到完美的奶蓋。

材料（1至2杯）

紅茶茶葉約6公克

※建議使用肯帝或烏瓦

熱水200毫升

鮮奶200毫升（一半用於製作奶茶，一半用於製作奶泡）

細砂糖約8公克

奶酒10公克（可省略）

鹽漬櫻花1朵

作法

1. 將茶葉放入茶壺中，用熱水沖泡3至5分鐘後，濾出茶湯備用。
2. 取100毫升鮮奶與**1**的茶湯以及砂糖充分攪拌均勻。若喜歡奶酒香，可在此時加入奶酒。
3. 使用市售奶泡機，選擇奶泡功能，倒入100毫升鮮奶，用機器攪打至奶蓋形成。
4. 取一只透明玻璃杯，加入**2**的基底奶茶至七分滿，再將**3**的奶蓋用湯匙輕輕鋪在茶面上，形成美麗的雪白奶蓋層。
5. 最後在奶蓋中央放上鹽漬櫻花裝飾即可。

美味關鍵

事先將櫻花以微波爐強火微波5秒鐘，就是能讓鹽漬櫻花能更加美麗盛開的祕訣！

薑泥風味茶

糖蜜薑泥材料

薑泥100公克（薑洗淨刮去粗皮，加10毫升水打成泥）、香料少許（肉桂、小荳蔻）、細砂糖100公克、水80公克

糖蜜薑泥作法

1 將薑泥、香料、糖和水放入鍋中。

2 用小火慢煮，約30分鐘直到薑泥顏色變深變稠即可放涼備用。

3 可以把薑泥裝罐，密封冰存於冰箱可以存放2週。

應用

●薑汁伯爵茶／奶茶

1 紅茶比例：伯爵茶湯150毫升：糖蜜薑泥3小匙。

2 奶茶比例：濃郁伯爵茶湯200毫升：鮮奶150毫升：糖蜜薑泥5小匙。

●薑汁伯爵氣泡飲

1 將濃郁伯爵茶湯與糖蜜薑泥拌勻，不喜歡薑泥口感可以將茶湯再次過濾。

2 將混合好的茶湯過濾，倒入裝有冰塊的杯中。

3 加入適量碳酸水，輕輕拌勻即可享用。

美味關鍵

製作好的薑泥裝罐，可冷藏保存約20天，隨時取用為自己調

椰汁奶茶

材料（1杯）

紅茶茶葉9公克（建議使用阿薩姆或錫蘭）、熱水200毫升、細砂糖8公克（可依喜好調整）、椰汁100毫升、鮮奶50毫升、冰塊適量（製作冷飲時）

作法

1 將茶葉放入熱水中，沖泡3分鐘後，將茶湯濾出。

2 在1的茶湯中加入砂糖，攪拌至完全溶解。

3 加入椰汁和鮮奶輕輕拌勻即可。若是製作冷飲，可加入適量冰塊，充分混合後即可享用。

美味關鍵

若喜歡更濃郁的椰子風味，可增加椰汁的用量。

鮪魚三明治

材料（4至6份）

罐頭鮪魚1罐（約185公克，瀝乾）、美乃滋30公克、芥末醬1小匙、養樂多1小匙、檸檬汁5公克、細砂糖1/2小匙、鹽1/4小匙、黑胡椒粉1/4小匙、洋蔥1/4顆（約25公克，切丁泡冷水10分鐘後瀝乾）、檸檬皮少許（切碎增香）、吐司麵包6片（可以至少做3組三明治）

作法

1 取一個中碗，將瀝乾的鮪魚肉放入碗中，用叉子輕輕撥散。

2 加入美乃滋、芥末醬、養樂多、檸檬汁、細砂糖、鹽和黑胡椒粉，混合均勻後，接著加入切丁洋蔥輕輕拌勻備用。

3 吐司麵包烤至金黃酥脆（可依個人喜好，或選擇不烤），取其中一片均勻抹上鮪魚醬，蓋上另一片吐司。

4 將三明治對切成兩半，方便食用，亦可搭配薯條或蔬菜沙拉作為配菜。

美味關鍵

1 做好的鮪魚醬放入保鮮盒中可冷藏保存2天，每次取用時需使用乾淨乾燥的湯匙挖取，才能安全保存。

2 不膩口的關鍵除了帶酸的少許養樂多與鮮香檸檬皮，洋蔥切丁事先浸泡冷水能去除嗆辣，才能展現鮮爽風味。

麵包布丁

材料（2碗）

白吐司1片（切成8片）、無鹽奶油40公克、果醬40公克、鮮奶300毫升、細砂糖60公克、雞蛋2顆

作法

1 使用放了1至2天、變得有點乾硬的麵包最佳。將麵包橫向切成4等份，在每片的其中一面塗上一層薄薄的奶油和果醬。

2 將牛奶、砂糖和蛋放入碗中，充分攪拌均勻。

3 將塗有奶油和果醬的麵包片放在烤模中，使角落不重疊。將2的混合液均勻倒在麵包片上，靜置於室溫約1分鐘，讓麵包底部吸收蛋汁。

4 將模型放入預熱好的烤箱，降溫至160度，在烤盤內倒入1公分高的熱水，隔水加熱烤約30分鐘。當麵包邊緣變酥脆、整體呈金黃色時，布丁即熟透，出爐趁熱食用。

美味關鍵

此為維多利亞時代奇書《比頓夫人家政書》的原始配方改良版，比目前流行於坊間的布丁麵包要更香脆一些。如果喜歡更清爽的口感，可將奶油減至30公克，喜歡滋味濃郁的朋友可以增加至60公克。

起司蛋糕

起司蛋糕的歷史可追溯至古希臘時期，那時的甜點已開始使用乳製品。此款起司蛋糕結合了古老的傳統與現代口味，以細緻的奶油起司的香味，重新演繹經典的甜品魅力。

材料（6吋圓形模1個份）

●蛋糕底

消化餅乾150公克
無鹽奶油75公克

●蛋糕體

奶油起司250公克
細砂糖100公克
雞蛋2顆
天然香草精1小匙（可省略）
酸奶100公克
低筋麵粉20公克

●搭配

新鮮水果：如草莓、藍莓等，可自由更換
薄荷葉

作法

1. 將消化餅乾放入食物處理機中，攪打成細末，或者裝入塑膠袋中用擀麵棍慢慢敲碎。
2. 將奶油隔水加熱或微波解凍至融化，與**1**的餅乾碎混合均勻。
3. 將**2**的餅乾混合物放入蛋糕模底部壓實，放入冰箱冷藏約30分鐘，使其定型。
4. 將奶油起司放入碗中，用手動攪拌機攪拌至光滑，接著加入砂糖，繼續攪拌至混合均勻。
5. 將蛋全部加入起司糊中，攪拌至完全融合後，加入香草精（可省略）和酸奶，攪拌均勻。
6. 最後篩入低筋麵粉，用橡皮刮刀輕輕攪拌至均勻。
7. 將**6**的麵糊倒入**3**備好的蛋糕模中，放入已預熱至160度的烤箱中，烤45至50分鐘，直到輕搖麵糊時不再晃動。
8. 烤箱關火，將蛋糕留在烤箱中冷卻1小時，再取出放涼。
9. 冷藏4小時以上使蛋糕更安定，即可切片享用。

美味關鍵

搭配些許酒漬櫻桃，是讓這款蛋糕更有質感，味覺上也能達到畫龍點睛效果的最佳選擇。

古典英式紅蘿蔔蛋糕

紅蘿蔔蛋糕的歷史悠久，起源於中世紀。當時的英國糖價高昂，紅蘿蔔因其含糖量高，富含甜味，因此被大量用於製作蛋糕等糕點。到了第二次世界大戰期間，因食物配給制，紅蘿蔔的高含糖量再度受到重視。

這款紅蘿蔔蛋糕融合了奶油、細砂糖及綜合香料，增添核桃與葡萄乾的口感，並以奶油起司醬裝飾，常溫可保存長達一星期，屬於經典的英國溫室蛋糕。

蛋糕材料（長形模1個份）

紅蘿蔔100公克（刨粗絲）
奶油75公克（在室溫下回軟）
雞蛋1顆（回溫，打散）
細砂糖60公克
橙汁或白酒20毫升
葡萄乾20公克
核桃30公克
粉料：
a低筋麵粉100公克
b泡打粉7公克
c肉桂粉少許
d瑪莎拉綜合香料粉5公克

奶油起司醬材料

奶油45公克
糖粉40公克
奶油起司200公克

作法

1 奶油以打蛋器攪打至乳霜狀，加入細砂糖拌勻。

2 將蛋打散分次加入1中攪拌至均勻後，再篩入全部的粉料，攪拌至所有材料混合均勻。

3 將紅蘿蔔絲和橙汁加入混合物中，繼續攪拌均勻。

4 續加入核桃和葡萄乾，攪拌均勻。

5 將4的材料倒入烤模，放入已預熱至180度的烤箱中，烤20分鐘後，在表面覆蓋鋁箔紙再烤20分鐘，取出放涼。

6 製作奶油起司醬。將奶油攪拌至乳霜狀，加入糖粉和奶油起司，繼續攪拌均勻，擠在蛋糕頂部即完成。

料理訣竅

烘烤中途覆蓋鋁箔紙的烤法，是為了讓高甜度的紅蘿蔔避免因為長時間接觸上火源而烤焦。

袋茶演變史

上天安排的驚喜，常用一種名為意外的包裝到來。

袋茶的源起

我們常說的茶包，也叫做袋裝茶，其實是源自一個美麗的誤會。二十世紀初的英國，已經進入工業革命發展的成熟期，除了開始各種交通、電力，跨時代的便利運用，也徹底改變人們的生活習慣。與從前農耕慢步調時代不同，節奏快速帶來各種「更便利」需求的聲音。

此時外出在茶館、咖啡廳，甚至小食店家，品嚐紅茶的需求也更多，茶廠商也因此改變銷售茶的對象，從早期的家庭改變為提供茶的店家，袋茶的發明，就是在這樣的時代背景下誕生。

二十世紀初，有一位名為湯瑪士．蘇利文（Thomas Sullivan）的紐約茶商，為了讓店家可以更快速的選擇喜

「柳茶館」（Willow Tearooms）位於英國蘇格蘭格拉斯哥市沙期霍爾街（Sauchiehall St.）217 號，自 1903 年開始營業，是為 19 世紀末、20 世紀初當地最歡迎的茶館之一（照片右側第二棟白色建築）。

柳茶館內最奢華的房間，房間裝飾風格既溫馨又華麗，被稱為「下午茶的幻想之地」（A fantasy for afternoon tea），也是一開幕便能廣受民眾喜愛的最大賣點。

歡的茶款，他將各種茶樣品，用棉布將定量（算好克數）的茶葉包裹起來，就像一顆一顆茶球一樣，讓店家在繁忙的時候，無需再費時計量即可快速試飲，以幫助決定選用哪一款茶。

沒想到店家卻將棉布茶球直接丟進茶壺中加熱水沖泡，進而發現只要浸泡時間夠長，也能透出茶味茶香，而且沖完拿出棉布袋丟棄即可，還可省去沖洗處理茶葉渣的麻煩。店家於是要求湯瑪士・蘇利文製作這樣便利的棉布茶球，袋裝紅茶便因此應運而生，成為當時新興主流紅茶商品。我們也能從很多古典品牌茶品或文獻中，看見袋裝紅茶被稱為「Tea Ball」，證實這個有趣的歷史小故事。

這樣便利的袋裝紅茶，除了在英國快速發展，也開始流傳到其他國家。茶商們紛紛開發更多樣化的袋裝紅茶商品，棉布袋也簡化為更便宜的不融水紙袋，形狀也從不容易釋出茶味的球狀，變成平面茶包，內裝的茶葉更是從茶葉變成碎葉紅茶，甚至還有茶粉等等。

現代包裝設計美麗的各品牌袋茶。

各種袋茶的運用方法

袋茶雖然在茶發展的歷史長河中僅占短短的一百多年，但因為佔據科技時代紅利，所以各式各樣的茶袋，在運用上也能分成幾個注意的地方：

平扁袋茶

多為極碎的茶葉，原味享用，不要沖泡超過兩分鐘，才不會過於苦澀。

三角袋茶

多為較大的原葉茶，原味享用。建議至少沖泡三分鐘，藉由三角形狀的立體空間，激發茶葉隨著循環水流跳躍特性，釋放更多香氣滋味。許多人擔心茶包可能含有塑膠，特別是一些茶包在高溫沖泡時是否會釋放有害物質。事實上，茶包的材料多種多樣，常見的材質包括紙纖維、玉米澱粉、尼龍等，而有些塑膠材質如聚丙烯（Polypropylene, PP），雖然屬於塑膠，但它具有耐高溫的特性，在高溫下「不會」釋放有害物質，是經由多國相關機構食品級安全認可的產品。

布包袋茶

多半會有茶葉擁擠的問題，且棉布袋釋出茶味亦不容易，原味享用，建議至少沖泡五分鐘。

平扁袋茶

最常見的紙質方形扁平袋茶。

圓形的袋茶是英國泰特萊（Tetley）茶業公司在市調後進行的改良版。

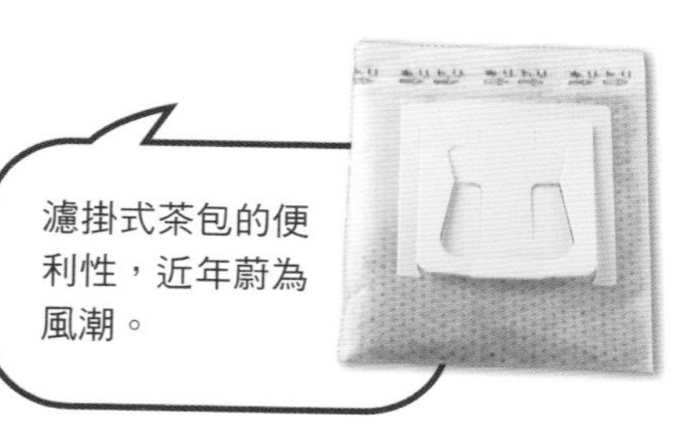

濾掛式茶包的便利性，近年蔚為風潮。

現代的美麗袋茶

一般而言，袋茶仍然停留於簡便、便宜的印象，現在因為便利的特性，仍是受歡迎的單品，但外面裹著茶葉的袋子，則開始產生各種變化，除了機能型的材質之外，還有各種魚或貓咪造形的可愛設計、棉布茶球的復古設計，就連繫在茶包線另一端上的小紙茶標，也能成為蝴蝶夾於杯緣邊，再加上密封於漂亮的獨立外包裝，小小一包已經成為美麗的分享好禮。

三角袋茶

棉紙材質的三角袋茶。

三角鑽石袋茶（玉米澱粉 PLA 茶包），比棉紙造型更加立體，能使茶葉充分跳躍，孔洞也較大，更容易釋出茶滋味。

布包袋茶

1920 年代開始量產的袋茶，即為棉紗材質。

造型袋茶

近期頗受歡迎的卡通動物泡澡樣式茶包，增添飲茶時的趣味悠閒感受。

英國百年品牌 Tetley 的袋茶，將兩條棉繩拉開，扁平茶包就變成球狀。

由台灣創作，以棉紙立體剪裁，像一條金魚悠游於茶杯中。

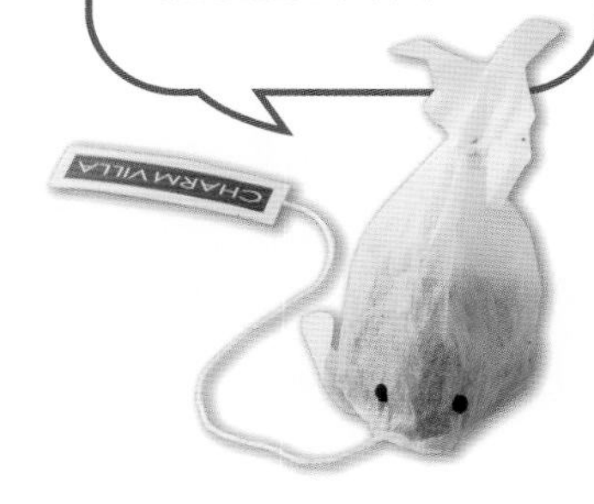

Chapter 5

下午茶

玫瑰露紅茶&氣泡水

玫瑰露以其優雅的花香和甜美的風味而聞名，是製作紅茶或迎賓飲料的完美添加劑，它不僅能提升飲品的香氣，還能增添一抹浪漫的色彩。以下是玫瑰露的製作方法，以及如何利用它來製作紅茶和氣泡水的變化飲品。

玫瑰露材料

乾燥玫瑰花瓣10至12公克（量杯1杯份）
細砂糖80至100公克（量杯1杯份）
檸檬1/2顆

玫瑰露作法

1. 將乾燥玫瑰花瓣放入熱水中泡開，浸泡約3至5分鐘。
2. 加入砂糖，攪拌均勻，直到砂糖完全溶解後調入檸檬汁。
3. 將其放置30分鐘至1小時，以便風味融合。
4. 濾除玫瑰花瓣，將玫瑰露存放於乾淨的容器中備用。

應用

●玫瑰紅茶

將10至15毫升玫瑰露加入200毫升熱紅茶（如玫瑰風味茶或錫蘭茶），攪拌均勻即可享用。

●玫瑰氣泡酒

將20毫升玫瑰露加入100毫升冰紅茶，再加入30毫升氣泡水（或氣泡酒）調勻，即成為美麗又美味的迎賓飲料。

美味關鍵

玫瑰露可冷藏保存約7至10天；若製作成冰磚，可冷凍保存2個月。

香料奶茶

香料奶茶結合了綜合香料多層次的香氣與奶茶的柔滑口感，為傳統奶茶帶來了一絲獨特的風味。這款飲品利用綜合香料和茶葉的混合，創造出既濃郁又令人放鬆的飲品，是長期流行於印度斯里蘭卡的傳統茶飲，當然其暖身促進循環的效果，非常適合在寒冷的季節或需要提振精神時享用。

香料為飲品增添額外的味覺層次和深度風韻。

材料（2杯）

水200毫升
瑪莎拉綜合香料10公克
阿薩姆紅茶葉12公克
鮮奶200毫升
細砂糖8公克

作法

1 取一單柄鍋，將200毫升水煮開，加入綜合香料以小火煮2分鐘，使香料的香氣充分釋放到水中。

2 將茶葉放入鍋中，關火燜2分鐘，讓茶葉和香料的風味融合。接著加入鮮奶，開小火攪拌均勻，繼續加熱至略微沸騰。

3 將奶茶濾除茶葉和香料渣，在茶湯中加入砂糖，攪拌至完全溶解，倒入杯中即可享用。

美味關鍵

作法**1**將香料煮出味道，是美味最為重要的關鍵。想精準掌握時機，除了計算時間，也能透過觀察香料水是否明顯變色，這就是香料釋放出風味的訊息。

巧克力奶酒茶

茶與奶酒的配搭一直深受歡迎，不過市售奶酒多半濃郁甜美，若能調和紅茶不但能減少甜膩，更能發揮各種創意條配出新風味。巧克力奶酒茶是一款融合了巧克力風味與香醇奶酒的獨特飲品，微酒感的茶風味，成為一種既奢華又令人放鬆的茶飲體驗。

第一次製作奶酒茶的朋友，推薦原味、榛果、巧克力、咖啡這樣的基本口味較容易成功。喜愛嘗鮮的朋友，可以選擇抹茶、香橙等風味的奶酒。

材料（2杯）

紅茶茶葉6公克
※建議使用阿薩姆CTC
熱水200毫升
鮮奶130毫升
細砂糖8公克
奶酒30至40毫升
冰塊1杯

作法

1 將茶葉放入茶壺中，用熱水沖泡3至5分鐘後，濾出茶湯備用。
2 將鮮奶與1的茶湯、砂糖充分攪拌均勻。
3 將2的奶茶湯加入杯中約七分滿，再添上奶酒，輕輕拌勻即可飲用。
4 喜愛冰飲的朋友，可以將2的茶湯放涼後，先加入2至3顆冰塊，再加入奶酒，一樣美味。

美味關鍵

各大廠牌的奶酒甜度不盡相同，請先試飲再決定是否另外添加糖水。

BAILEYS

英式經典加冕雞三明治

材料（1份）

白吐司2片、雞肉餡5份（雞胸肉300公克、葡萄乾20公克、原味優格30公克、KEWPIE美乃滋60毫升、核桃碎20公克、咖哩粉6公克、洋蔥碎30公克、鹽0.5公克）

作法

1 製作雞肉餡：鍋中放入雞胸肉，加入冷水淹過雞肉，用中火煮約20分鐘，直至雞肉熟透。

2 將雞肉取出瀝乾水分，放涼後撕成細絲備用。

3 將剩餘全部材料加入**2**的雞肉絲中拌勻即完成餡料，冷藏可保存3天。

4 取約五分之一的雞肉餡料均勻鋪在吐司上，另取一片吐司蓋上，輕輕壓實。

5 切去吐司四邊，再切成3等份的長條狀即為1份，請依食用份量來製作三明治，剩餘雞肉餡則冰存備用。

美味關鍵

1 雞胸肉必須用手撕，口感才會好。若用刀切絲，雞胸肉口感會較為粉碎、乾柴，不夠鮮嫩。

2 作法**3**的雞肉餡完成後，添加煮熟馬鈴薯塊拌勻，也是一道有飽足感的沙拉涼菜。

英式經典小黃瓜三明治

材料（2份）

胚芽吐司4片、小黃瓜1根、鹽少許、KEWPIE美乃滋＋芥末醬共20公克、新鮮薄荷碎適量（可省略）

作法

1 小黃瓜洗淨後，縱向切成長條片狀，撒少許鹽醃漬約15分鐘，用冷開水洗淨後擦乾備用。

2 將美乃滋和芥末醬混合均勻，平均塗滿吐司兩面。

3 將小黃瓜片如同倒下的骨牌般，重疊鋪滿在胚芽吐司上，另取1片胚芽吐司鋪上新鮮薄荷碎，接著將2片吐司的餡料面相對，輕輕壓實。

4 切去吐司四邊，再切成3等份的長條狀即完成。

美味關鍵

三明治要展現層次感，切片的方向很重要。下刀分切3等份時，刀刃必須和小黃瓜垂直而非平行，剖面才能形成美麗的層次。

原味&葡萄乾司康

司康最初是以融入奶油的麵糊，用鐵板加以焙烤而成的點心，自十九世紀開始在英國流行，因簡單樸實的家庭風味而廣受喜愛。這款原味司康以低筋麵粉和奶油為主原料，經典的烘焙方式呈現出外脆內軟的口感，重現英式茶會的經典味道。

而果乾在英國這樣不多產鮮果的國家來說，是各種點心常用的食材，尤其司康經常加入果乾以增加風味，葡萄乾、杏乾、無花果等都很受歡迎。這款葡萄乾司康透過萊姆酒醃製葡萄乾，為傳統司康增添了現代酒香與豐富層次，帶來獨特的甜美感受。

材料（兩種口味各5至6個）

A 低筋麵粉200公克、泡打粉5公克、鹽1公克

B 無鹽奶油50公克（切小塊）

C 原味司康液狀材料：
原味優格30公克、鮮奶油10公克、雞蛋35公克、細砂糖20公克

D 葡萄乾司康液狀材料：
原味優格30公克、鮮奶油10公克、細砂糖20公克、萊姆酒漬葡萄乾（萊姆酒20毫升＋葡萄乾25公克）

作法

1 將將低筋麵粉、泡打粉和鹽過篩後，放入大碗中混合均勻。

2 將奶油放入**1**的大碗中輕輕攪拌，運用指尖輕搓奶油，至完全看不見奶油為止，將材料分成兩等份。

3 在其中一份的**2**，一邊加入原味司康液狀材料，一邊拌勻麵粉至成為麵團狀。

4 將麵團平鋪在料理台上，如同折棉被般對折再對折（共4層），用擀麵棍輕壓麵團，使其厚度成為1至2公分。以5公分司康模壓出麵團後，在表面刷少許牛奶（或蛋黃液），可使成品較有光澤。

5 將材料D加入另一半的奶油麵團，按作法3和4的步驟完成。

6 將司康麵團放入已預熱好的烤箱，以上火190度、下火200度烤10至13分鐘即可。

美味關鍵

1 喜歡紮實口感的話，可少量以高筋麵粉取代

2 作法2不要過度攪拌以免奶油融化，才能保持鬆酥的口感。

3 所有材料請盡量保持冰涼的狀態，比較容易成功。

4 葡萄乾口感好且不黏牙的訣竅，是先泡熱水5分鐘。將熱水倒出後，再加入萊姆酒蓋過葡萄乾表面，靜置1小時後即可。連同萊姆酒一同加入液體材料備用。

維多利亞蛋糕

維多利亞蛋糕源自十九世紀英國，是女王維多利亞的最愛。這款蛋糕以兩片奶油蛋糕和一層果醬層疊而成，所以又稱維多利亞三明治。

奶油蛋糕體材料（6吋圓形模1個份）

無鹽奶油130公克
細砂糖130公克
雞蛋130公克
低筋麵粉150公克
泡打粉9公克
防潮糖粉少許

奶油起司醬

無鹽奶油45公克、細砂糖40公克、奶油起司200公克
覆盆子果醬40公克（或草莓果醬）
新鮮草莓丁（可換成藍莓或冷凍莓果）

奶油蛋糕體作法

1 將奶油放入大碗中，用手動攪拌機打軟，將細砂糖全部加入，攪拌至幾乎看不見砂糖且顏色變白。

2 將打散的蛋液分3次加入1的材料中，每次加入前都要等蛋跟奶油完全融合，才能再加蛋。

3 將麵粉和泡打粉混合篩入2的材料中，用橡皮刮刀壓拌至均勻。

4 將材料分成兩等份倒入圓形烤模中，放入已預熱烤箱，以170度烘烤20至25分鐘，即可取出並留在烤模中至完全冷卻。

餡料作法

1 奶油用打蛋器攪打成乳霜狀後，加入細砂糖和奶油起司拌勻即可。

2 將1的材料放入碗中，用手動攪拌機攪拌至光滑。加入過篩的糖粉，攪拌至混入空氣中並變成白色。

組合

1 將蛋糕橫切成兩片。其中一片塗果醬後放上莓果，再塗上奶油起司醬，然後將另一片蛋糕蓋上。

2 用粉篩將防潮糖粉均勻地篩在蛋糕頂部即完成。

美味關鍵

可以一次多烤一些奶油蛋糕體，冷卻後用保鮮膜密封放入保鮮盒，冷凍可保鮮1至2個月，需要時再取出退冰、加上餡料即可。

布朗尼蛋糕

布朗尼蛋糕起源於二十世紀初美國，以巧克力為主要的風味特色。此款布朗尼蛋糕以塊狀巧克力和核桃製作，呈現豐富的巧克力風味，是基礎樸實甜點中的經典之選。

材料（1盤）

塊狀甜味巧克力100公克
無鹽奶油180公克
細砂糖180公克
低筋麵粉75公克
可可粉20公克
泡打粉3公克
鹽0.5公克
烤熟核桃70公克（切成大碎塊）
雞蛋170公克（約3個全蛋）

作法

1. 巧克力和奶油放入碗中，以40至45度的熱水隔水加熱至全部融化。
2. 將蛋恢復至室溫，放入大碗中打散，接著加入細砂糖用攪拌器拌勻。
3. 將**1**的巧克力和奶油加入**2**的碗中，用攪拌器輕輕拌勻。
4. 加入低筋麵粉、可可粉、泡打粉和鹽，用木匙攪拌至有光澤後，續加入約30公克的核桃拌勻。
5. 將**4**的麵糊倒入烤盤鋪平，表面均勻撒上剩餘的核桃。
6. 放入已預熱烤箱，以150度烤35至40分鐘。當竹籤插入蛋糕中央，取出不會沾黏麵糊時，即可出爐。

美味關鍵

1. 作法**4**的材料加入時，只需輕輕攪拌至均勻即可，切忌過度攪拌，這會使布朗尼的口感變得有彈性，而不是應有的濕潤和鬆軟。
2. 布朗尼烤好後，留置在烤盤中待完全冷卻再脫模切塊，這樣可以讓布朗尼的結構更穩定，切出的形狀會更整齊美觀。

英式下午茶的慢優雅

不讓自己陷於侷促不安，自然就能落落大方，

再有推己及人體貼的心，這就是出色的淑女。

下午茶源起

十九世紀初期，英國開始工業發展，由於油燈的使用與後期電燈的發明，使得夜生活逐漸活躍。原本一日兩餐的貴族們，延後了晚餐的時間，普通人民則因為交通便利，更加早出晚歸，各階層人們的飲食習慣，都因而產生極大變化。早餐的時間提早，而晚餐的時間延後，這樣的變化在下午時段容易感到飢餓，此時貝弗德公爵夫人讓佣人準備牛油麵包以及紅茶享用，成為墊肚子的加餐時刻，而開始了在下午四點品茶的下午茶習慣。

貝弗德公爵夫人不但自己享用午茶，還邀約朋友共襄盛舉，茶桌也因此越來越豐富，這樣美麗悠閒的朋友下午茶聚會型態，便在上流社會流行起來，成為 Tea Party 的雛形。

講究的點心及擺設

雖然下午茶最初是只是貴族夫人的小加餐，隨著時代演進，餐點也漸漸具備更豐富的雛型：

有方便淑女小口享用的「手指三明治」（Finger Sandwiches），以及國民人氣點心「司康」（Scone），還有以女王為名的甜點「維多利亞蛋糕」（Victoria sponge Cake），這些點心被有秩序的擺在優美且實用的三層點心架（Three Tiered Stand）上。

專屬於下午茶的點心架還有一項規矩，擺設順序由下往上分別是「三明治、司康、蛋糕（甜點）」。重視接待來賓的女主人，還會特意擺上親自手工製作的點心，以示慎重。

（上圖）本幅名為《下午五點的茶會》（Five o'clock Tea）為 Julius LeBlanc Stewart（1855-1919）所繪，是巴黎當時十分流行的下午茶會場景。
（下圖）左為英國傳統的點心三層架，右為近年來也十分流行的中式點心架。

正統下午茶禮儀

以下列出五大茶會禮儀元素與你分享，當有機會參加正統的下午茶會時，便能更加輕鬆自在地享受這段特別的時光。

穿著建議

●**裙長：**不要露出過多腿部肌膚，在更早期長裙是唯一選擇，現代則以至少超過膝下的裙長為推薦，尤其是品茶環境若為矮沙發搭配矮桌時，坐下來之後裙子會稍往上縮，過膝的裙長就可以保護自己不曝光。當然穿著長褲也是可以的，唯一要注意的就是不要過於休閒，牛仔布料的款式也要儘量避免。

●**髮型：**若是長髮，建議至少需要紮起兩側，讓頭髮不會垂散即可。除了看起來更為清麗之外，下午茶有很多點心都是直接用手拿取享用，如果撥弄披散的長髮，接著用手拿取食物，會有衛生疑慮，也容易不小心沾染食物到髮絲上。所以長髮以安定不披散為原則，若能夠將長髮全都盤上，會是最佳選擇。

●**飾品：**戴上比平時更璀璨亮麗的項鍊、耳環等飾品，會讓人有正式的感覺，而且美麗的飾品，也能讓坐著

拿取茶杯時，應以食指與大拇指輕捏杯耳，並以中指托穩（美國畫家 Lilla Cabot Perry 繪於 19 世紀末至 20 世紀初期）。

的你更為閃亮吸睛，而讚美對方的飾品也是開啟話題很好的選擇。

●**鞋款：**以包鞋為主，不露出腳趾是優雅原則，至少2.5公分高的跟鞋，也是正式場合最適合的鞋款。休閒球鞋當然不適合正式場合，還有特別注意「馬靴」也要儘量避免。馬靴在早期作為騎馬征戰之用，除了在社交場合中的寓意不佳，有時遇到需要脫鞋的環境，穿脫也會非常麻煩。

品茶方式

●餐巾應鋪於腿上，建議在喝茶前用一個角落，輕輕抿去口紅油光，這樣可以避免口紅印過度沾染在茶杯上，儘量減低不雅觀的情況。

●拿取茶杯時應用食指與大拇指輕捏杯耳，中指則在下方托穩，儘量不將手指頭勾進杯耳中，以避免遇到孔洞比較小時，發生拔不出手指的窘境。

●歐式茶盤上常放著攪拌用的小茶匙，記得在使用過後取出來置於面向自己內側的底盤上，別讓沾染過茶湯髒掉的茶匙面向對面的賓客，讓人感覺不快。

下午茶的品茶禮儀

●品嚐點心的順序：由鹹到甜，從下往上放別盛放三明治、司康、甜點。品嚐時請使用個人點心盤，一項一項享用，並且切記不要鹹甜口味混合放在同一個盤子裡。而且還要配合他人的品嚐速度，儘量對話交流，不要埋頭苦吃。

●品嚐司康時，常會遇見共同使用一組奶油果醬的情況。請用公共的抹刀或湯匙，先取適量奶油果醬至自己的餐盤，再使用自己的抹刀取用餐盤內的奶油果醬使用。另外，建議將司康橫向剝成兩半，然後再塗上果醬與奶油享用，因為先塗果醬再塗上奶油，才能享受奶油的柔滑口感，這是最為推薦的方式。

Chapter 6

高茶．晚餐茶

香料紅酒茶

香料紅酒茶融合了紅酒的濃郁與香料的芬芳，打造出獨特的暖飲體驗。這款飲品在寒冷的冬季尤為合適，香料和紅酒的搭配不僅提升了風味，還能增添一份溫暖的舒適感。進入十月微涼的季節，就是這款茶酒活躍的時刻。

香料紅酒材料（10至12杯）

紅酒1瓶（約750毫升）、香料紅酒綜合香料1包（約20至25公克、打碎）、黃砂糖80至100公克、柳橙2個、檸檬1個、蘋果1/2個、橙片乾3片、各式小果乾適量

香料紅酒作法

1. 柳橙取一個削皮、擠汁，留下橙汁與橙皮備用；另一個帶皮切成3片圓片與4瓣備用。檸檬削皮、擠汁備用。蘋果切片備用。
2. 將砂糖、香料和果乾放入鍋中，不加水以小火乾鍋炒香。
3. 將橙汁、檸檬汁、一半份量的蘋果、紅酒加入**2**的鍋中，用小火加熱（盡量不煮沸）約10至15分鐘。
4. 關火前2分鐘放入橙片乾，時間到濾出紅酒倒入杯中，裝飾喜愛的果乾和蘋果即可。

應用

香料紅酒原液與熱紅茶，以2：1為最推薦喝法。

美味關鍵

喜歡無酒精的朋友，可用相同方法煮香料橙汁，並且把糖減為80公克即可，新鮮水果則可增加蘋果用量，風味會更好。

能與香料、紅酒共同演繹完美風味的紅茶，莫過於伯爵茶。當然，先決條件是要以黃金守則沖出美味的紅茶（見第 32、33 頁），才能體現這道香料茶酒飲最豐富的味覺層次。

伯爵茶是英國最經典的紅茶，其名稱源自於 1830 ～ 1833 年首相「格雷伯爵」，以獨特的佛手柑香檸檬風味調製而成。濃郁的柑橘系香氣讓茶清新芬芳更有韻味，這樣時髦的味道成為英國代表性茶款，後期更有法國品牌以此為基底，加入藍芙蓉花、金盞花等調製成「藍伯爵茶」，多樣化的伯爵茶更成為歐式風味茶的茶中之王。

檸檬香料紅茶

香料檸檬漬是一種清新且富有層次的天然蜜漬水果片，融合了檸檬的酸甜與香料的獨特風味，可以讓飲品瞬間變得更加迷人和多樣化。推薦大家不妨多嘗試將這款香料檸檬漬，應用在你喜歡的各式茶類冷熱飲品中，調和出不同的風味，相信會為生活帶來許多味覺上的驚喜。

香料檸檬漬材料

檸檬4顆
蜂蜜200毫升
肉桂棒1根
小荳蔻6粒
丁香5粒

香料檸檬漬作法

1 將檸檬去皮和白膜，切成約1公分厚的圓片。

2 在小鍋中加入蜂蜜、肉桂棒、小荳蔻和丁香，以小火加熱，一邊輕輕攪拌以防煮焦，過程中需一邊撈除浮沫。

3 煮約8分鐘，至香料的香氣釋放後關火，靜置冷卻即完成。

應用

●檸檬香料紅茶

將適量的香料檸檬漬加入紅茶中，攪拌均勻即可享用。

●檸檬香料冰茶

將適量的香料檸檬漬加入冰鎮的紅茶中拌勻，讓冰茶吸收檸檬和香料的風味，即可享用。

起司番茄司康

材料（6至8個）

A 低筋麵粉100公克、泡打粉5至7公克、鹽5公克

B 無鹽奶油10公克（切小塊）

C 液狀材料：鮮奶油10公克、鮮奶50毫升、細砂糖5公克

D 切達起司25公克（切丁）、番茄25公克（切丁）、羅勒葉少許（切粗碎）、橄欖油少許

作法

1 將低筋麵粉、泡打粉和鹽過篩後，放入大碗中混合均勻。

2 將奶油放入1的大碗中輕輕攪拌，運用指尖輕搓奶油，至完全看不見奶油為止。

3 一邊加入液狀材料，一邊拌勻麵粉，至成為麵團狀。

4 將番茄丁、羅勒葉碎與橄欖油混合拌勻備用。

5 將3的麵團平鋪在料理台上，均勻撒上切達起司丁和4的番茄羅勒醬，如同折棉被般對折再對折（共4層，並盡量將番茄與起司包覆在麵團內），用擀麵棍輕壓麵團，使其厚度成為1至2公分。

6 用刀將麵團分切成6至8塊，可以在表面多撒些起司丁裝飾，賣相會更佳。

7 將麵團放入已預熱烤箱中，以上火190度、下火200度烘烤10至13分鐘即可。

美味關鍵

1 喜歡紮實口感的話，可少量以高筋麵粉取代。

2 作法5在包覆麵團時，若有些許起司露出在外也沒關係，略微烤焦的起司會讓司康的風味和口感層次更加豐富。

3 跟其他司康不同，因為有番茄、羅勒葉等生鮮食材，所以不適合大量製作冷凍備用。

起司康

材料（6至8個）

A 低筋麵粉100公克、泡打粉5至7公克、鹽5公克

B 無鹽奶油10公克（切小塊）

C 液狀材料：鮮奶油10公克、鮮奶50毫升、細砂糖5公克、切達起司25公克（切丁）、起司絲25公克

作法

1 同起司番茄司康作法1至3，將材料A、B、C混合成麵團。

2 將麵團平鋪在料理台上，均勻撒上切達起司丁，如同折棉被般對折再對折（共4層，並盡量將起司丁包覆在麵團內），用擀麵棍輕壓麵團，使其厚度成為1至2公分。

3 用刀將麵團分切成6至8塊，在表面撒些起司丁，烤後融化會更香。

4 將麵團放入已預熱烤箱中，以上火190度、下火200度烘烤10至13分鐘即可。

美味關鍵

1 起司康中，起司絲的選擇對於增添關鍵香氣非常重要。經由烤焙而融化的起司，因高溫而產生焦脆香氣，將為此款司康產生畫龍點睛的效果。

2 本款司康也適合將少量高筋麵粉換成燕麥麵粉。

愛爾蘭雞湯

這款愛爾蘭雞湯擁有豐富的風味，因為有多種新鮮蔬菜鮮香，嘗起來滋潤卻爽口，是很適合亞洲味蕾的湯品。紅蘿蔔、馬鈴薯與雞肉，再一點燕麥，什麼都剛剛好，請熱騰騰地享受這份舒心的湯品。

材料（1鍋）

雞腿肉600公克（約2隻腿肉切成小塊）
馬鈴薯300公克（約2個，切塊）
紅蘿蔔200公克（約2根，切片）
洋蔥150公克（約1個，切丁）
芹菜150公克（約2根，切長段）
大蒜20公克
雞高湯1公升（可用雞骨架、洋蔥、紅蘿蔔、芹菜來熬製）
橄欖油30毫升
乾燥百里香1公克（可依喜好選用）
月桂葉1片（可依喜好選用）
鹽5公克（可依喜好調整）
黑胡椒粉1公克（可依喜好調整）
新鮮百里香適量（裝飾用）

作法

1 將雞肉、馬鈴薯、紅蘿蔔、洋蔥、芹菜、大蒜切好備用。
2 在大鍋中加熱橄欖油，放入洋蔥、大蒜和芹菜以中火炒香，直到洋蔥變軟，約3至5分鐘。
3 將切好的雞胸肉放入鍋中，炒至雞肉變白。
4 將紅蘿蔔、馬鈴薯、雞高湯加入鍋中，燉煮約20分鐘後，加入百里香和月桂葉拌勻略煮片刻至風味釋出。
5 依喜好加入適量燕麥片（30至60公克）調整稠度，持續攪拌至煮沸，即可加入鹽和黑胡椒粉，撒上新鮮百里香裝飾即可。

美味關鍵

1 鮮美雞高湯作法：雞骨架先放入烤箱以180度烤香後取出，放入鍋中加水1.5公升，連同洋蔥、紅蘿蔔、芹菜一起煮開後，小火燉1小時後把所有材料濾除，冷卻後就是美味的雞高湯。份量約1公升，可分裝冷凍保存，方便取用。
2 煮好的帶肉雞湯放涼後，也能分裝成幾袋冷凍保存，需要時取出加熱即可。

蘑菇蒜油蝦

以蝦仁和蘑菇為主材料並搭配香蒜，豐富的香料氣味是最重要的美味關鍵，而各種辛香料的香氣釋放於橄欖油中，成就了這道晚餐茶點畫龍點睛的美味。一旁搭配的法式麵包，蘸上香氣潤澤的橄欖油，更能突顯其風味。無論搭配酒、茶都適宜，或加入意大利麵拌炒作為正餐，都能讓人無比滿足。

材料（2小盅）

中型蝦仁300公克（去殼、挑去腸泥）
蘑菇150公克（切片）
蒜球1整個（橫向切片）
橄欖油300毫升
鹽適量
黑胡椒粉約1公克
海鮮綜合香料約25公克
白酒約30毫升（可省略）
新鮮巴西里3公克（切碎，裝飾用）

作法

1 將蝦仁、蘑菇、蒜球依序處理好備用。
2 取一只大平底鍋放入橄欖油，以中小火加熱後，加入全部的蒜片拌炒。
3 接著將蘑菇片加入鍋中，轉小火拌炒約5分鐘，至蘑菇略呈金黃。
4 將蝦仁加入鍋中一同拌炒，至蝦仁熟透變成粉紅色時，即加入海鮮綜合香料、鹽和黑胡椒粉調味。
5 最後加入白酒，以小火續煮1至2分鐘，讓酒精蒸發即可盛盤。
6 撒上新鮮的巴西里碎增添香氣，即可享用。

美味關鍵

這道料理基本上無須過度翻炒，只要按順序加入食材，全程小火讓食材滋味慢慢滲入橄欖油即是關鍵。比起主食材鮮蝦的美味，利用豐富香氣的橄欖油，更是重點。

高茶與矮茶

要做天之驕子還是當閒雲野鶴，

能與命運較量的，只有你自己的努力和選擇。

「下午茶」是英國人的驕傲表現，當法國、義大利、奧地利等歐陸鄰居，大多喝著香醇濃郁的咖啡、熱可可時，他們則早在兩百年前就開始喝屬於遙遠東方舶來品的茶，除了被其健康長壽的功效吸引之外，同時也彰顯自己的國際觀與時尚。當年從中國運來的茶，在印度人還未產茶時珍貴又稀少，價格可比銀子，是貴族的專屬尊榮。

舊時代表階級制度的高茶與矮茶

近一步細說英國下午茶「Low Tea」的命名由來，是因為當時的貴族居住的環境優渥寬廣，名媛在品茶時，多是坐在比較矮的舒適沙發、茶几上優雅享用，所以英國人才會稱此下午茶為「Low Tea」（矮茶），與字面上的「Low」正好相反，其實是午茶中最高級的。

而常與之對比的「High Tea」，則是指工人階級的晚餐。為了補充勞動後的體力，通常以能填飽肚子的肉類、麵包為主，且因為使用較高的餐桌，加上餐食的「高」卡路里，孩童也常坐在較高的兒童用椅，於是這三個「高」字疊加而成「High Tea」，與字面上的意義可說是相差甚遠。

後來在十九世紀維多利亞時代，英國殖民地印度、斯里蘭卡等地，茶葉產量增大並且普及後，簡便的飲食如少量的蛋糕、烤司康、搭配奶油、果醬與紅茶，能有效地解決下午四、五點時的無聊與飢餓感，於是這樣的飲食習慣很快就成為英國隨處可見，打發時間兼社交聯誼的活動。尤其貴族本就講究儀式感，衍生出各式各樣的禮節與品茶習慣，漸漸地下午傍晚時間，無論享受的是「Low Tea」或「High Tea」，在這個模糊的時間帶，品茶嚐點心則演變為大家統稱的「下午茶」。

現代的高茶與矮茶

時至今日，高茶和矮茶已不再強烈反映階級制度，但在形式和餐點上依然存在一些不同。

現代的高茶多數仍在傍晚時間提供，但與傳統的豐盛晚餐有所不同。現在的高茶更像是晚間的豪華版下午茶，有提供甜點、鹹點、熱食、各式紅茶、飲品，甚至還有香檳、葡萄酒等。在一些地區，高茶可能已經脫離工人階級的傳統，反而成為一種更高級、正式的茶會形式。

現代的矮茶下午茶主要是一種休閒和社交活動，通常在星級酒店、飯店、茶館提供。傳統上的矮茶會提供三層點心架，包含精緻的三明治、司康餅（搭配凝固奶油和果醬）、甜點和蛋糕，搭配各類茶葉飲品，有些酒店、飯店、餐廳還會提供香檳或其他飲品。矮茶在現代不再嚴格要求坐椅與茶几的高度，更多是舒適的氛圍和精緻的擺設。

總和來說，高茶結合了正餐與下午茶點的元素，內容更為豐富多樣，成為一種餐點的選擇，而現代的矮茶更注重精緻的甜品和輕食，著重與象氛圍更有利與談話社交。

高茶（High Tea）在餐桌上享用，餐點內容結合了正餐與下午茶點的元素，甚至有火腿、香腸等肉類，可視為晚餐。

Chapter 7

晚餐後茶

玫瑰紅酒茶

玫瑰紅酒茶是一款融合了紅茶的濃郁與玫瑰的芬芳，並以紅酒點綴的微醺飲品。晚餐後至睡前時，是一天中最放鬆的時刻，紅酒茶不僅展現了茶香和玫瑰花香的美妙融合，還增添了一抹醉人的酒香，是專屬女性獨特的輕奢享受。

材料（2杯）

紅茶茶葉6公克
※建議使用肯帝、汀布拉或尼爾吉里
熱水200毫升
玫瑰花6片
糖水10至20毫升
冰塊1杯
紅酒1至3小匙
細砂糖適量（裝飾用）
紅酒適量（裝飾用）

作法

1 將茶葉和玫瑰花放入熱水中，沖泡3分鐘後，將茶湯濾出備用。

2 取2個淺盤分別倒入少許紅酒和細砂糖。將玻璃杯倒扣，在杯口輕輕沾上紅酒後，再沾一次細砂糖，使杯口沾附一層糖霜裝飾。

3 取一只玻璃杯加滿冰塊，依喜好的甜度加入糖水，再倒入**1**的茶湯。

4 依喜好的濃度加入1至3小匙紅酒，輕輕拌勻後即可享用。

美味關鍵

1 糖水作法：將糖與水以1：1的比例煮開後，以小火續煮5分鐘後關火，放涼即成。或者以糖：水＝3：2的比例，放入果汁機以高速打勻，直到沒有糖粒，倒出靜置約20分鐘，呈清澈透明狀即可。需注意！糖水冷藏可保存2個月。

2 玻璃杯的糖霜裝飾就像戴上美麗花還一般讓茶酒更有魅力。

3 可根據喜好調整紅酒的量，建議可以品酒的朋友增量品飲特別美味。

祁門亞歷山大

材料（2杯）

祁門紅茶茶葉9公克、沸水300毫升、黑巧克力20公克、琴酒100毫升、細砂糖20公克、鮮奶油30毫升、細砂糖適量（裝飾用）、葡萄汁適量（裝飾用）

作法

1 在一只茶壺中放入祁門紅茶茶葉，沖入沸水，靜置浸潤3分鐘。

2 將茶湯濾到另一只茶壺中，趁茶湯尚熱，加入黑巧克力與砂糖，攪拌至巧克力完全融化，靜置備用。

3 取2個淺盤分別倒入少許葡萄汁和細砂糖，將玻璃杯倒扣，在杯口輕輕沾上葡萄汁後，再沾一次細砂糖，使杯口沾附一層糖霜裝飾。

4 待巧克力茶湯冷卻後，加入琴酒輕輕拌勻，最後盛入鮮奶油，即完成一杯美麗的調飲，攪拌均勻即可飲用。

美味關鍵

要確保巧克力完全融化，飲料中的風味和香氣才能均勻。

白葡萄鐵觀音茶

材料（2杯）

紅茶茶葉6公克（建議使用鐵觀音或大吉嶺夏摘）、白葡萄10顆（取5個對切）、熱水150毫升（90度）、糖水適量、新鮮薄荷葉少許、搗杵或碾槌1支

作法

1 將對切好的白葡萄放入容器中，使用搗杵或碾槌輕輕搗碎，讓汁液釋出，剩下的葡萄渣預留備用。

2 在一只茶壺中放入茶葉，沖入90度的熱水，靜置浸潤3分鐘後濾出茶湯。

3 在另一只茶壺中裝滿冰塊，接著將2的茶湯倒入，快速攪拌後再次濾出冰茶湯，冰塊留著備用。

4 取一玻璃杯加入1的葡萄汁液，加入適量糖水和1至2顆冰塊，接著加入冰茶湯拌勻，使其與葡萄的風味充分融合。

5 在杯中放入葡萄及薄荷葉裝飾，即可享用。

美味關鍵

果茶最重要的調味就是甜味，建議一定要加入適當的糖水，茶的香味和風味才能被襯托出來。

紅玉紅茶露豆花

紅玉紅茶露豆花是一款極富創意的甜品，將紅玉紅茶與豆花結合，帶來香甜可口的獨特風味。這款甜品既可以作為茶香十足清爽的點心，也充分展現台灣甜品的風情。

材料（本配方紅茶露可製作2至3碗豆花）

紅玉紅茶茶葉9公克
熱水200毫升
細砂糖80公克
市售豆花1碗

紅玉紅茶是台灣特有的紅茶品種，產自日月潭茶區，具天然肉桂與薄荷香氣，茶湯色澤鮮紅清澈，滋味醇美甘潤。全世界目前只有台灣擁有此獨特品種，被稱為「台灣香」。

作法

1 將紅玉紅茶茶葉放入茶壺中，以熱水沖泡5分鐘後，將茶湯全部濾出備用。

2 取150毫升紅玉紅茶茶湯，加入砂糖攪拌至完全溶解，即為紅玉紅茶糖水。

3 將適量豆花盛入茶杯或小碗中，淋上**2**的紅玉紅茶糖水，即可享用。如果喜歡冰涼的豆花，可以將糖水冷卻後再使用。

美味關鍵

紅茶糖水也適合作為其他甜品或飲品的調味料，獨特的紅茶香氣，為單純的砂糖甜味增添了一抹茶香，使甜品或飲品的滋味更有深度而不膩。

柳橙紅茶烤鳳梨

材料（2小盤）

鳳梨1顆（約500公克，亦可使用罐頭鳳梨）、柳橙汁100毫升、紅茶包1包、細砂糖50公克、無鹽奶油30公克、肉桂粉1/2小匙、迷迭香適量（裝飾用，可省略）

作法

1 將柳橙汁加熱至接近沸騰，關火後放入紅茶包，浸泡約5分鐘。

2 取出茶包，靜置片刻待稍冷卻後，加入細砂糖攪拌至完全溶解。

3 將鳳梨去皮，切成1公分厚片並放入大碗中，將**1**的紅茶柳橙糖液淋在鳳梨上輕輕攪拌，使每一處都均勻浸泡，約20至30分鐘。

4 將鳳梨盛出並濾除多餘糖汁，放入烤模或排在烤盤上（烤盤先墊烘焙紙並薄塗一層奶油防沾），在鳳梨上點綴少量無鹽奶油，輕輕撒上肉桂粉。

5 放入已預熱烤箱中，以180度烤15至20分鐘，直到鳳梨片邊緣稍微焦糖化並呈金黃色，均勻上色釋出香味即可出爐。

6 撒上新鮮迷迭香作為裝飾並增添香氣，即可趁熱享用。

酥菠蘿烤蘋果

材料（2小盤）

蘋果2顆（去核後用刀切或削皮刀削成薄片）、肉桂粉1/2小匙（可省略）、蜂蜜適量（可省略）、酥菠蘿170公克（低筋麵粉90公克、無鹽奶油60公克、細砂糖20公克）

作法

1 將蘋果片與肉桂粉、蜂蜜一起輕輕拌勻備用。

2 製作酥菠蘿：將低筋麵粉篩入碗中，加入砂糖和無鹽奶油，用奶油切刀或兩把刀將奶油切碎，直到與形成粗粒碎屑、與麵粉完全混合即可。此時可以用指尖輕輕攪拌，但切忌過度搓揉，以免奶油融化。

3 用保鮮膜封好，放入冰箱凍60分鐘以上。

4 將蘋果薄片在烤模中排成花形，撒上3的材料後，放入已預熱烤箱中，以180度烤約30分鐘，直到脆皮呈金黃色且蘋果變軟。

5 取出後稍冷卻即可享用，搭配一球香草冰淇淋風味更佳。

美味關鍵

酥菠蘿又稱菠蘿粒，經常運用於甜點及麵包上，做好可冷凍保存至1至2個月。任何水果片撒上糖與少許白酒揉合入味，加上酥菠蘿烘烤至酥脆，都是美味出色的甜點。

Special Column

茶的健康奧祕

日復一日平淡的作息，飲食的選擇，

堆疊蘊藏著改變身心靈的力量。

茶最初是以神奇的東方靈藥之名進到各國，在很多經典史籍與文獻中，都提到茶的功效。例如中國《神農傳說》中曾提到養生茶粥一詞；日本榮西禪師的《喫茶養生記》中有這樣一段話：「茶は養生の茶なり、延命の妙術なり（茶是養身的是延命的妙術）。」荷蘭商人的宣傳語是：「來自東方的茶，什麼都可以治療」，法國人則稱「醫師開茶為藥方，建議皇室以其休養身體」，而在英國早期的咖啡廳、藥局中，茶甚至是以「神祕東洋藥」為名來販售。這些都足以證明即使在科學不甚發達的時代，人們都實際感受到茶的養生效果。

茶有許多對身體有益的功能，最常被提起的就是：抗菌、抗癌、抗氧化、抗蛀牙、抑制血壓上升、促進代謝等等。其中幾種紅茶的關鍵成分對身體的影響最為顯著，了解這些成分，能幫助我們更愉快聰明地享受品茶生活。

茶的健康成分

因為製作工藝上的不同，茶葉在氧化（俗稱發酵）的過程中，除了顏色與香氣會改變之外，也會使其主要成分和健康效益發展出不同的特點。綠茶富含兒茶素（Catechins），而紅茶則含有較高的單寧（Tannins，亦有譯為「鞣質」）。這兩者在結構和功能上，既有相似也有差異。

兒茶素

兒茶素是一種強效抗氧化劑，是多酚類化合物，具消炎、抗菌和促進新陳代謝的作用，對於心血管健康也有幫助。

單寧

單寧也是一類多酚，但與兒茶素不同，它們是在紅茶發酵過程中形成，有助於改善消化和調節腸道健康，也具有抗氧化的效果。

簡單來說，它們的不同點在於：綠茶中的兒茶素在未氧化狀態下保留，而紅茶中的單寧是在發酵過程中轉變形成的。兒茶素來自於天然成分，刺激性較強，抗氧化能力更高，且對於促進新陳代謝與減重效果更為顯著；而單寧較為柔和，更適合消化系統健康。紅茶特有的澀味及茶湯顏色就是單寧產生的效果。

兒茶素與單寧是備受推崇的抗氧化劑，對於身體健康有非常多的功效，包括：

- 抵抗自由基，減少細胞損傷，延緩老化過程的抗氧化功能。
- 有助於降低膽固醇和血壓，促進心血管健康。
- 減少身體炎症，幫助預防慢性病。
- 有助於增強身體的免疫反應。

茶中的兒茶素與單寧，就像上天賜予的寶物。

關於茶的咖啡因

咖啡因不僅存在於咖啡之中，茶和可可都有。茶當中的咖啡因，的確占了很高的比重。

咖啡因最重要的作用，包括：強心、利尿、提神、恢復疲勞、燃燒脂肪等，其中的提神，是最常被人們提

本圖為荷蘭茶葉公司「E. Brandsma」於 19 世紀末至 20 世紀初期所設計的茶葉廣告，呼應了當時對於當時荷蘭商人的宣傳語：「來自東方的茶，什麼都可以治療」。該公司對荷蘭茶業的宣傳與推廣，可說是佔有重要地位。

起的。例如喝茶會睡不著或感覺心悸，就是提神效果的不當副作用，不過若能運用得當，對於現代人的忙碌生活很是加分。

茶和咖啡的咖啡因含量

我們先來了解咖啡與茶的咖啡因，究竟有什麼差別？

若單純論咖啡因這一個元素，不論是存在於咖啡或是茶，都是一樣的。唯一的不同點，在於茶的咖啡因被另一個元素「兒茶素」包裹起來，所以，當等量的咖啡因進入身體中，茶的咖啡因釋放速度較慢，所以我們會覺得茶的提神效果不如咖啡。此外，若是對咖啡因有不良反應的人，喝咖啡就會更快感到心悸。不過，如果我們用科學的方法來計算，在同等重量的咖啡豆與茶葉當中檢測出的咖啡因含量，茶還略高於咖啡。不過若以同樣一杯150毫升的咖啡與茶來檢測，咖啡因的含量就完全相反了，咖啡裡的咖啡因不但比茶高，而且至少高出三倍之多。這是怎麼一回事呢？

關鍵就在於，通常一杯咖啡需要使用的咖啡量為10到12公克，而一杯茶需要使用的茶葉量，只需要2到3公克，因此一杯咖啡與一杯茶的咖啡因含量，就完全顛倒過來了。

另外，在沖泡咖啡與紅茶上還有一件事，會讓一杯咖啡的咖啡因含量更

30 公克
咖啡豆

=

咖啡
X
3 杯

30 公克
紅茶茶葉

=

紅茶
X
15 杯

高，那就是相同以水作為溶劑，成分的溶出率也不同。一般而言，咖啡必須磨成細緻的粉末才能沖泡，而紅茶可以以原葉茶葉或是碎葉沖泡，這樣兩方的溶出率又有很大差距，咖啡溶出率可以到達60％，而紅茶溶出率是40％。

所以，使用量和溶出率的不同，徹底改變了飲用一杯咖啡與一杯紅茶的咖啡因含量。

聰明運用咖啡因

因為茶的咖啡因釋出緩慢，所以若遇上備考期，需要長時間集中精神來讀書，那麼喝茶就是一個有益的選擇。另外，在運動前喝些無糖茶，讓咖啡因產生更多代謝效果，也是很有幫助的。

隔夜茶不能喝？

華人一直流傳著「不能喝隔夜茶」這句老話，這是為什麼呢？

其實隔夜茶不能喝的關鍵，在於茶葉是否一直泡在茶湯當中。因為茶葉也含有大量蛋白質，依照華人日常喝烏龍茶的習慣，由於烏龍茶不易澀口，所以很多時候會將茶葉一直浸泡在熱水中，這樣的情況若放隔夜，也就是超過八小時，茶葉中的蛋白質就容易產生發酵腐敗的情況，所以才會有這樣的說法。

只要茶沖泡好之後，確實將茶葉濾出只留下茶湯，就能減輕腐敗的情況發生。或者將泡著茶葉的茶湯，很快置於冰箱冷藏，也能解決這個問題，就像近年來流行的冰箱冷藏冷泡法，就是夏天非常受歡迎的沖茶方式。

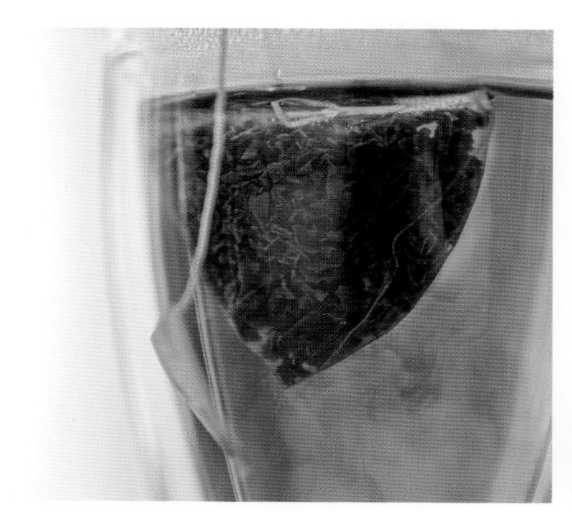

茶沖好後，確實將茶包或茶葉濾出冰鎮，是現今夏日很流行的飲茶方式。

一個人的茶會時光
一日七杯茶的英式生活哲學，紅茶專家為你打造五感療癒的名店級美味

作　　者　楊玉琴（Kelly）
攝　　影　林宗億
封面設計　許紘維
內頁構成　陳姿秀
行銷企劃　蕭浩仰、江紫涓
行銷統籌　駱漢琦
業務發行　邱紹溢
營運顧問　郭其彬
責任編輯　劉淑蘭
總 編 輯　李亞南
出　　版　漫遊者文化事業股份有限公司
地　　址　台北市103大同區重慶北路二段88號2樓之6
電　　話　(02) 2715-2022
傳　　真　(02) 2715-2021
服務信箱　service@azothbooks.com
網路書店　www.azothbooks.com
臉　　書　www.facebook.com/azothbooks.read

發　　行　大雁出版基地
地　　址　新北市231新店區北新路三段207-3號5樓
電　　話　(02) 8913-1005
訂單傳真　(02) 8913-1056
初版一刷　2024年11月
定　　價　台幣450元

ISBN　978-626-409-024-7

圖片出處
P28：SPWORKS/photo-ac.com
P48：CC BY-SA 3.0(Author:Mtaylor848)
P51：commons.wikimedia.org
P68：commons.wikimedia.org
P69：CC0 1.0 (Source:Wellcome Collection)
P70：CC BY-SA 2.0 (Author:Norio NAKAYAMA)
P71：commons.wikimedia.org
P72：Sudarshan negi/shutterstock
P73：metmuseum.org
P90.91(上)：en.wikipedia.org
P111(上)：commons.wikimedia.org
P112：commons.wikimedia.org
P113：maiko777/photo-ac.com
P127：子宇工作室・張緯宇
P139：CC0 1.0 (Source:rawpixel.com)
P141：ユキパト/photo-ac.com

一個人的茶會時光：一日七杯茶的英式生活哲學, 紅茶專家為你打造五感療癒的名店級美味/ 楊玉琴著. -- 初版. -- 臺北市：漫遊者文化事業股份有限公司；新北市：大雁出版基地發行, 2024.11
144　面；17X23 公分

ISBN 978-626-409-024-7(平裝)
1.CST: 茶食譜 2.CST: 茶葉 3.CST: 文化
427.41　　113016001